Heft 95

Unfallverhütung im Atemschutzeinsatz

von
Lars Lorenzen
Brandamtsrat
Feuerwehr Hamburg

2., aktualisierte Auflage

Verlag W. Kohlhammer

Die Abbildungen stammen – sofern nicht anders angegeben – vom Autor.

2., aktualisierte Auflage 2026

Gesamtherstellung:
W. Kohlhammer GmbH, Heßbrühlstr. 69, 70565 Stuttgart
produktsicherheit@kohlhammer.de

Print:
ISBN 978-3-17-045668-6

E-Book-Formate:
pdf: ISBN 978-3-17-045670-9
epub: ISBN 978-3-17-045671-6

Inhaltsverzeichnis

Vorwort

Sie halten nun die zweite Auflage des Roten Heftes »Unfallverhütung im Atemschutzeinsatz« in den Händen. Ich freue mich sehr, mit dieser aktualisierten Auflage einige neue Erkenntnisse und Techniken im Bereich Atemschutz darzulegen. Der Atemschutzeinsatz spielt in der Brandbekämpfung eine zentrale Rolle. Ohne Atemschutz könnten wir unsere Aufgabe nicht so erfolgreich und den Umständen entsprechend sicher bewältigen, wie wir es heute tun. Ohne Atemschutz wäre eine effektive Brandbekämpfung nicht möglich und an die Suche von vermissten Personen nicht ansatzweise zu denken. Doch trotz immer moderner werdender Technologie, Ausrüstung und Schutzkleidung bleibt der Einsatz unter Atemschutz eine anspruchsvolle und risikobehaftete Tätigkeit, die präventive Maßnahmen, Wissen, Taktik und Schulung erfordert.

Leider müssen wir auch im Jahr 2026 (das Erscheinen der zweiten Auflage) mit Erschrecken feststellen, dass trotz allen Fortschrittes wir – die Feuerwehr – immer noch regelmäßig »in die Falle« tappen. Es kommt nach wie vor zu gefährlichen Situationen, zu Verletzungen oder im schlechtesten Fall zum lebensbedrohlichen Szenario »Atemschutznotfall«.

Dennoch hat viel Positives in den Köpfen der Atemschutzgeräteträgerinnen und -träger Einzug gehalten. So denke ich, können wir heute festhalten, dass sich die Aus- und Fortbildung überwiegend verbessert hat und heutzutage umfassender und tiefgreifender ist als eine reine Geräteeinweisung und Gewöhnungsübung. Ein Sicherheitstrupp oder das Ab-

Bild 1: ***Ausbildung von Atemschutzgeräteträgern (Quelle: T. Jahn)***

setzen einer Mayday-Meldung ist weitestgehend bekannt und wird bundesweit konsequent angewendet. *Fragen Sie sich gleich jetzt an dieser Stelle des Buches, ob es bei Ihnen auch der Fall ist!*

Das Rote Heft setzt allerdings bereits viel früher an. Damit Sie und oder Ihr Trupp erst gar nicht in die Lage kommen, eine Mayday-Meldung absetzen zu müssen, ist es wichtig, sich und sein Tun kritisch zu reflektieren. Bin ich noch fit genug für den Einsatz unter Atemschutz? Befolge ich die Einsatzgrundsätze? Wie verlässlich ist mein Trupp? All diese Überlegungen sind wichtig, um den Atemschutzeinsatz ein Stück weit sicherer zu gestalten.

Ich hoffe, dass diese überarbeitete Auflage nicht nur als Leitfaden für den sicheren Einsatz von Atemschutzgeräten dient, sondern auch als Inspirationsquelle, um das Thema Unfallprävention weiterhin aktiv in den Fokus unserer Feuerwehrarbeit zu rücken.

Mit diesem Werk möchte ich dazu beitragen, einen Impuls zu setzen, das notwendige Wissen weiterzugeben und den hohen Standard der Unfallprävention in der Feuerwehr kontinuierlich zu sichern und zu fördern.

Denn wir wollen alle unbeschadet aus unseren Einsätzen zurückkehren!

Viel Freude und Erfolg beim Lesen, Anwenden und Diskutieren!

Mit besten Grüßen,

Lars Lorenzen

1 Einleitung

»Whatever can go wrong, will go wrong.«
(Edward A. Murphy, jr.)

Immer wieder lösen Atemschutzunfälle Grundsatzdiskussionen bei den deutschen Feuerwehren aus. Die Hauptfragestellung »Sind wir ausreichend auf einen Atemschutzunfall vorbereitet?« kann auch im Jahr 2026 nur mit einem zögerlichen »Jein« beantwortet werden.

Beschäftigt man sich etwas näher mit diesen tragischen Ereignissen (dazu reicht im Grunde das Selbststudium der Unfallberichte), so stellt man sehr schnell fest, dass ein Atemschutzunfall eine hoch komplexe Lage ist, der neben vorhandenen Ressourcen nur durch ein zügiges koordiniertes Vorgehen erfolgreich begegnet werden kann. Grundlage für ein koordiniertes Vorgehen bilden Handlungsweisen, die bereits im Vorfeld erlassen und trainiert werden müssen. Leider hat sich diese Ansicht bis heute noch nicht bei allen Feuerwehren verbreitet. So ist zwar in der FwDV 7 »Atemschutz« bereits in der Ausbildung zum Atemschutzgeräteträger das »Suchen, Auffinden und in Sicherheit bringen« eines verunfallten Atemschutzgeräteträgers (AGT) vorgeschrieben. Wie dies im Einzelnen aussehen soll, ist jedoch nicht geregelt. So ist das Atemschutznotfalltraining (ANT) in den Fokus unterschiedlichster Einsatzstrategien und Ausbildungskonzepte quer durch Deutschland geraten. Dies ist richtig, denn wenn es durch welche Ursachen auch immer zu einem Zwischenfall kommt, muss schnell und zielgerichtet gehandelt werden.

Trotzdem dürfen sich Taktik und Training nicht nur auf das Szenario des bereits ereigneten Unfalls beschränken. Vielmehr muss es schon im Vorfeld darum gehen, das Risiko eines Atemschutznotfalls zu minimieren!

Meine These: »*Neben einer Sicherheitstrupp-Strategie ist es zumindest ebenso wichtig, die Sinne aller Einsatzkräfte für eine erfolgreiche Unfallprävention im Atemschutzeinsatz zu schärfen!*«

Eine weitere Frage muss also lauten: »*Wie kam es zu solchen Unfällen und wie können wir diese in Zukunft verhindern?*« Schließlich führten selbst kleine unscheinbare Nachlässigkeiten zu einer unkontrollierbaren Fehlerkette, die im schlimmsten Fall in einer Katastrophe mündete.

Ich bin seit 30 Jahren aktiver Feuerwehrmann (seit 1998 bei der Berufsfeuerwehr Hamburg). In diesem Roten Heft möchte ich Ihnen meine bisherigen Erfahrungen als Atemschutzgeräteträger, Atemschutzausbilder, Gruppen- und Zugführer und Teammitglied von Atemschutzunfaelle.eu näherbringen. Ich zeige Ihnen, wo bei Ihren Atemschutzgeräteträgern meist schon nach kürzester Zeit der »Schlendrian« Einzug hält und wie Sie diese Umstände erfolgreich erkennen und abstellen können. Weiter gebe ich Ihnen einige praktische Tipps, die Ihren Übungsdienst bereichern werden.

1.1 Unfallursachen

Auf der ganzen Welt werden tagtäglich Atemschutzgeräteträger in Einsätzen und bei Übungen verletzt oder sogar getötet. Ein Unfall ist ein in sich sehr komplexes Ereignis, das erst durch das Zusammenspiel vieler Einzelfaktoren möglich wird. Wer sich informiert, kontinuierlich weiterbildet, seine Sinne für Gefahren schärft, kann die Risiken, die ein Atemschutzeinsatz birgt, minimieren.

Mögliche Informationsquellen und Seiten zum Selbststudium findet man nun auch – neben der privaten Internetseite www.atemschutzunfaelle.eu, die seit 1996 Unfallberichte nach amerikanischem Vorbild (www.firefighterclosecalls.com www.everyonegoeshome.com) sammelt – Berichte in der Meldestelle der Feuerwehrunfallkassen. Unter www.fuk-cirs.de können Beinaheunfälle und Unfälle gemeldet werden. Hierbei ist aber nicht zu vergessen, dass es sich weitestgehend um freiwillig gemeldete Ereignisse handelt. Die Dunkelziffer der jährlich in Deutschland verletzten Atemschutzgeräteträger ist daher nicht genau bekannt und kann nur abgeschätzt werden. Sie variiert sehr stark, wie die Unfalldatenbank von www.atemschutzunfaelle.eu zeigt.

Tödliche Atemschutzunfälle hingegen verbreiten sich im Medienzeitalter sehr schnell. Daher ist davon auszugehen, dass die veröffentlichten Unfälle mit Todesfolge die Realität widerspiegeln.

Die Aufarbeitung von tödlichen Atemschutzunfällen beschränkte sich in Deutschland bisher auf die Erarbeitung eines Unfallberichtes. Leider ist festzustellen, dass bis heute sowohl in der persönlichen Ausrüstung als auch in der Ausbildung zum Atemschutzgeräteträger keine wesentlichen nationalen Neuerungen Einzug erhalten haben, die auf Erkenntnissen aus einem Unfallgeschehen beruhen. So gehört zum Beispiel der Feuerwehrleinenbeutel mit Lederriemen, der bereits 1996 in Köln teilursächlich für den Tod eines Kollegen der Kölner

Berufsfeuerwehr war, bis heute flächendeckend zur Persönlichen Schutzausrüstung des Atemschutztrupps. Auch die Anforderungen an die körperliche und geistige Leistungsfähigkeit sind bis heute nahezu unverändert.

Die Feuerwehrdienstvorschrift 7 ist – mit letzter Überarbeitung 2005 – nun 21 Jahre alt!

1.2 Einteilung der Unfallfaktoren

Faktoren, die zu Atemschutzunfällen auf der ganzen Welt führen, lassen sich in folgende Kategorien einteilen.

- Faktor Mensch (z. B. Kreislaufprobleme),
- Faktor Technik (z. B. Bauteilversagen),
- äußere Bedingungen (z. B. unkontrollierte Brandausbreitung),
- Schwierigkeitsgrad (Gartenlaube vs. Tiefgarage),
- Fehler im Management (Zusammenspiel aller Faktoren: Mensch, Technik, Mission).

Merke:

Die Verkettung mehrerer Unfallfaktoren ist die Regel!

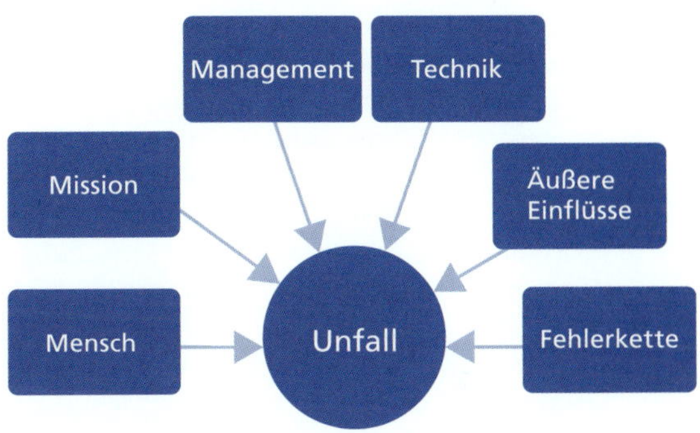

Bild 2: ***Faktoren, die zu einem Atemschutzunfall führen können***

1.3 Anforderungen an den Atemschutzgeräteträger

Atemschutzgeräteträger müssen das 18. Lebensjahr vollendet haben und mit der in regelmäßigen Abständen stattfindenden Arbeitsmedizinischen Vorsorgeuntersuchung Atemschutzgeräte Gruppe 3 (ehemals G 26.3) der berufsgenossenschaftlichen Grundsätze für arbeitsmedizinische Vorsorgeuntersuchungen nachweisen, dass sie körperlich zum Atemschutzeinsatz geeignet sind.

Diese ärztliche Untersuchung findet bis zum 50. Lebensjahr alle drei Jahre statt, spiegelt aber in keinster Weise die körperliche

Fitness über den gesamten Zeitraum wider. Die Feuerwehr Hamburg fordert von ihren Atemschutzgeräteträgern zusätzlich die jährliche Erbringung eines Ausdauerleistungsnachweises nach Vorbild des deutschen Sportabzeichens. Aus Sicht des Autors ist dies der richtige Weg. Ein Atemschutzgeräteträger muss kein Adonis sein, aber er muss über ein Mindestmaß an Grundfitness verfügen. Einen 5 000 Meter-Lauf sollte jeder Atemschutzgeräteträger körperlich meistern können, um im Einsatzalltag uneingeschränkt einsetzbar zu sein. Daneben muss sich der Atemschutzgeräteträger zum Zeitpunkt des Einsatzes oder der Übung einsatzfähig fühlen und gesund sein. 0,0 Promille unter Atemschutz sind dabei genauso selbstverständlich wie eine gute Tagesform. Im Idealfall hat ein

Bild 3: ***Gruppenbesprechung vor der Realbrandausbildung (Quelle: Y. Lang)***

Atemschutzgeräteträger genügend Selbstbewusstsein, um auch ehrlich sagen zu können: »Ich fühle mich heute nicht fit für den Einsatz.« Schließlich lautet der wohl wichtigste juristische Satz der FwDV 7: »Atemschutzgeräteträger handeln eigenverantwortlich.«

Merke:

Jeder Atemschutzgeräteträger handelt eigenverantwortlich. (FwDV 7)

2 Der Mensch als Fehlerquelle

Als menschliche Fehler bezeichnet man Fehler, die ein Mensch durch sein Handeln oder durch seinen körperlich-geistigen Zustand zu verantworten hat. Menschliche Fehler entstehen oft, weil Dinge falsch eingeschätzt oder Entscheidungen aus dem Bauch heraus getroffen werden. Das passiert, wenn wir gestresst sind, wenig nachdenken (oder keine Zeit haben, nachzudenken) oder Informationen übersehen. Wir machen Fehler, weil wir manchmal zu schnell urteilen (müssen) oder uns zu sehr auf unser Gefühl verlassen.

Ein menschlicher Fehler kann bewusst oder unbewusst ausgelöst werden, insbesondere dann, wenn der Atemschutzgeräteträger seine eigene Leistungsfähigkeit oder die Umstände im Einsatz falsch einschätzt.

Viele Atemschutzunfälle sind auf menschliches Fehlverhalten zurückzuführen. Im Atemschutzeinsatz ist die Nichtbeachtung der »Grundsätze im Atemschutzeinsatz (FwDV 7)« ein häufig auftretender menschlicher Fehler. Allerdings können menschliche Fehler auch Symptome von tieferliegenden Fehlern in einem System sein. Um Versagen zu erklären, sollte man nicht nur danach suchen, wo Menschen Fehler gemacht haben. Man muss sich auch fragen, warum die Einschätzungen und Handlungen von Menschen in der gegebenen Situation Sinn zu ergeben schienen. So kann zum Beispiel die Annahme einer falschen Ausgangslage (Verkennen von Warnsignalen, unzureichende Erkundungsmaßnahmen, unzureichende Praxiserfahrung) und die damit verbundene »übliche Vorgehensweise« das Risiko eines Unfalls steigern.

Bild 4: ***Brandbekämpfung (Quelle: T. Jahn)***

Weitere menschliche Fehler können auch

- mangelnde Konzentration (Konzentrationsstörung),
- mangelndes Reaktionsvermögen,
- unzureichendes Situationsbewusstsein (»Das klappt schon!«),
- Leichtsinn,
- Lustlosigkeit oder gar Lethargie,
- Aufgabe (in Extremsituationen),
- Missachtung gängiger Praxis (Regeln, Stand der Technik),
- fehlende Kenntnisse und Fähigkeiten sowie Routine,
- Überforderung/Stress und
- unerledigte Aufgaben (Vergessen) sein.

2.1 Fehler sind unvermeidlich

Aus der Fehlerforschung in der Luftfahrt weiß man, dass 70 % der Flugunfälle auf menschliches Fehlverhalten zurückzuführen sind. Dass Fehler passieren, ist augenscheinlich unvermeidlich. So beträgt zum Beispiel die allgemeine Fehlerrate bei einer banalen Tätigkeit, etwa beim Ablesen von Instrumenten, bereits 0,3 %. Komplexer wird die Situation beispielsweise bei miteinander agierenden Personengruppen verschiedener Qualifikation, die entsprechende Geräteüberprüfungen vornehmen sollen. Hier beträgt die Fehlerquote, wenn keine schriftlichen Anweisungen Entsprechendes festlegen, bis zu 10 %. Die allgemeine Fehlerrate bei Aktivitäten mit hohem Stresslevel, wenn gefährliche Ereignisse schnell aufeinander folgen, beträgt sogar bis zu 25 %. Wie schwer es dabei ist, »fehlerfrei« bzw. auf dem viel zitierten 99 %-Sicherheitsniveau zu arbeiten, sollen folgende Ausführungen kurz darstellen.

Grundsätzlich gilt: Die Gesamtleistung eines Teams ist gleich dem Produkt aller Einzelleistungen. Übertragen auf das tägliche Leben bedeutet dies nichts anderes als Folgendes:

Je mehr Menschen miteinander, selbst auf höchstem Sicherheitsniveau, agieren, desto wahrscheinlicher wird es, dass ein Fehler geschieht. Je mehr Arbeitsschritte bzw. Verrichtungen vorgenommen werden, desto wahrscheinlicher wird es, dass ein Fehler passiert.

Bedeutung hat diese Tatsache ohne Zweifel nicht nur für die Luftfahrt, sondern auch für den Atemschutzeinsatz. Beide Bereiche sind von entsprechenden Teamleistungen abhängig und der Teamfehler kann als Aktion bzw. Unterlassung von notwendigen Tätigkeiten definiert werden, der zu einem Abweichen vom Team- oder Organisationsziel führt.

2.2 Die Fehlerkette – ein Einsatzbeispiel

Die Unfälle der jüngsten Zeit zeigen, dass sich selbst viele kleine unscheinbare Fehler in einer Fehlerkette aufsummieren und zu einer tödlichen Gefahr werden können. Diese Fehlerkette wird auch Dominoeffekt genannt und besagt, dass jeder Fehler einen weiteren Fehler auslöst oder begünstigt. Als Dominoeffekt bezeichnet man eine Abfolge von Ereignissen, von denen jedes einzelne zugleich Ursache des folgenden ist und die alle auf ein einzelnes Anfangsereignis zurückgehen. Der Länge einer solchen Ereigniskette sind (physikalisch) keine Grenzen gesetzt. Die Ereigniskette muss nicht linear bleiben, sondern kann sich in beliebig viele Ketten aufspalten und so zu einem exponentiellen Anwachsen von Ereignissen führen. Dies durchleben wir als hochdynamische Lage, die schwer zu kontrollieren ist.

Der folgende Bericht zeigt den beispielhaften Verlauf einer Fehlerkette:

Einsatzbericht: Fehlerkette beim Feuerunfall von Texas (2010)

Ein Abweichen vom Protokoll, ein Knick im Löschschlauch und eine eingeklemmte Simona de Silvestro

Die im wahrsten Sinne des Wortes brenzlige Unfallsituation am Texas-Wochenende rund um Simona de Silvestro ist aufgeklärt. Nach einer offiziellen Untersuchung gab die IndyCar-Führung nun eine ganze Reihe von Fehlern bekannt, die dazu führten, dass die 21-jährige Schweizerin über eine halbe Minute lang in ihrem brennenden Fahrzeug saß. »Ein Faktor nach dem anderen schuf eine schlimme Situation«, beschrieb IndyCar-Rennchef Brian Barnhart die Fehlerkette.

Zunächst tat das Ölfeuer, das nach einem Mauerkontakt im Normalfall von selbst ausgeht, eben genau nicht das Erwartete, sondern arbeitete sich in die Seitenkästen vor. Dabei verstärkte sich das Feuer, was selbst de Silvestro überraschte: »Normalerweise geht so etwas ganz schnell aus. Das hier aber nicht.« Danach wich die schnell an die Unfallstelle geeilte Safety-Crew vom Protokoll ab, was das Chaos verursachte. Denn der erste Unfallhelfer hätte gemäß IndyCar-Prozedere der im Cockpit eingeklemmten de Silvestro als Erstes mit einem unter Druck gesetzten Löschkanister zu Hilfe kommen müssen. Anstelle dessen versuchte man einen Löschschlauch vom Auto abzuwickeln, der dann zu allem Überfluss nicht funktionierte. Der Grund war ein Knick im Schlauch.

Vor jedem Rennen testen alle Safety-Teams, ob die Löschschläuche »funktionieren«, erklärte Mike Yates, der die IndyCar-Untersuchung leitete. Yates steuerte übrigens auch den zweiten Truck, der an die Unfallstelle kam und zog de Silvestro letztlich aus dem Auto. Dabei erlitt

er Verbrennungen an seiner Brust. »In Texas gab es beim Zusammenpacken nach dem Test einen Fehler, der für das Nicht-Funktionieren verantwortlich war. Nun werden wir alle Schläuche an allen Trucks modifizieren.« Auch das Prozedere bei solch kritischen Situationen werde überprüft. Yates bat um Verständnis: »Es handelt sich um Entscheidungen, die in Bruchteilen von Sekunden und auf Basis der jeweiligen Situation getroffen werden.« Rennchef Barnhart verteidigte seine Mannschaft, musste aber zugeben, dass »menschliches Versagen« einer der Faktoren für die Fehlerkette von Texas war.
Als letztes Hindernis benötigte Yates nach eigener Angabe zwischen 21 und 23 Sekunden, um die eingeklemmte de Silvestro aus dem Cockpit zu befreien. Eine lange Zeitdauer, wofür das Sicherheitsteam jedoch keine Verantwortung trägt. Zum einen lag dies am HANS-System und der Nackenstütze am Cockpitrand und zum anderen an der Enge des Fahrzeug-Cockpits, in dem sich die Beine und die Hüfte der Schweizerin verklemmt hatten.
De Silvestro selbst blieb nahezu unverletzt: »Es hätte viel schlimmer ausgehen können«, sagte die 21-Jährige.
(Quelle: motorsport-total.com)

Bei diesem Einsatzbeispiel wurden Fehler gemacht, die jeweils einen anderen Fehler provozierten. Als erstes schätzte die Rettungsmannschaft das Feuer falsch ein: »*Normalerweise geht so was schnell aus, was aber nicht passierte.*« Diese Fehleinschätzung legte schließlich den Grundstein zu einem chaotischen Einsatzverlauf. Laut Standardeinsatzregel hätte der erste Helfer umgehend mit einem Feuerlöscher zum Cockpit eilen müssen, um die Fahrerin aus diesem zu befreien, was nicht geschah. Stattdessen wurde versucht einen Schnellangriff abzuwickeln, was aufgrund eines Knicks im Schlauch ebenfalls nicht gelang. Somit kam zu zwei schnell aufeinanderfolgenden menschlichen Fehlern noch ein technischer Fehler hinzu. Erst die zweite Safety-Crew kümmerte sich um die eingeschlossene Fahrerin, die letztendlich noch einmal ungefähr 20 Sekunden benötigte, um die Fahrerin aus dem Cockpit zu befreien.

Fehlerketten treten tagtäglich auch im Feuerwehralltag auf. Meist haben diese alltäglichen kleinen Fehler keine folgenschweren Auswirkungen, da wir dies schnell merken und kompensieren. Die nachfolgende Grafik beschreibt eine theoretisch mögliche Fehlerkette.

Bild 5: ***Beispielhafte Fehlerkette beim Atemschutzeinsatz***

2.3 Einsatzgrundsätze im Atemschutz (FwDV 7)

Im Einsatzbeispiel der IndyCar Safety-Crew wurde von gängigen Regelwerken abgewichen. So hätte der ersteintreffende Helfer einen Feuerlöscher zur schnellen Rettung der Fahrerin einsetzen müssen, stattdessen unternahm er einen Schnellangriff. Auch bei den deutschen Feuerwehren ist das Abweichen von gültigen Regelwerken ein weit verbreiteter Fehler.

Hier ist insbesondere die Nichtbeachtung der »Einsatzgrundsätze im Atemschutzeinsatz« (FwDV 7) zu nennen.

Die FwDV 7 ist nach wie vor das verbindliche Regelwerk für alle Atemschutzgeräteträger der Feuerwehr. Besonderes Augenmerk sollte jeder Atemschutzgeräteträger auf die Einsatzgrundsätze legen, denn aus Sicht des Autors tragen das Befolgen der Einsatzgrundsätze im Atemschutz schon wesentlich zu einer Risikominimierung bei. Eine Missachtung der Einsatzgrundsätze bringt automatisch eine Risikoerhöhung mit sich, der Atemschutznotfall wird provoziert und Fehlerketten können entstehen.

Die Einsatzgrundsätze im Atemschutz (FwDV 7) werden nachstehend erläutert.

2.3.1 Anlegen von Atemschutzgeräten auf der Anfahrt

Es ist heutzutage üblich, Atemschutzgeräte bereits auf der Anfahrt zur Einsatzstelle anzulegen. Rechtlich gesehen ist dies eindeutig geregelt, denn die Tragegurte des Atemschutzgerätes ersetzen keinen Anschnallgurt! Sind Anschnallgurte im Löschfahrzeug vorhanden, so sind diese auch zu verwenden (StVO § 21 a »(1) Vorgeschriebene Sicherheitsgurte müssen während der Fahrt angelegt sein.«).

In der FwDV 7 wird zwar darauf hingewiesen, dass die Gerätearretierungen der Atemschutzgeräte erst nach dem Stillstand des Fahrzeuges geöffnet werden sollen, auf eine Befreiung der Anschnallpflicht wird allerdings auch hier nicht explizit hingewiesen. Der Anwender vermutet hinter dieser

Bild 6: ***Überprüfter und einsatzbereiter Pressluftatmer im Mannschaftsraum eines Löschfahrzeuges***

Aussage meist, dass der Atemschutzgeräteträger, sofern er die Begurtung des Atemschutzgerätes angelegt hat, ausreichend angeschnallt ist. Dies ist definitiv nicht der Fall, vielmehr geht es bei diesem Punkt um die korrekte Ladungssicherung des Atemschutzgerätes.

Bild 7: ***Eigenunfall eines Löschfahrzeuges auf dem Weg zum Einsatzort. Ein angelegter Anschnallgurt trägt bei solchen Unfällen zur Sicherheit der Einsatzkräfte bei.***

Merke:

Die Bebänderung des Atemschutzgerätes ersetzt keinen Anschnallgurt!

2.3.2 90 % Nennfülldruck bei Einsatzbeginn

Die 270 bar-Grenze ist fast jedem Atemschutzgeräteträger bekannt. 270 bar entsprechen 90 % des Nennfülldruckes des Druckbehälters (Atemluftflasche) eines Pressluftatemschutzgerätes. Der Nennfülldruck liegt hier in der Regel bei 300 bar. 270 bar gelten übrigens auch für Zwei-Flaschen-Pressluftatmer, sofern die Atemluftflaschen einen Nennfülldruck von 300 bar aufweisen. Die 10 %-Grenze darf keinesfalls unterschritten werden, um mit einem adäquaten Atemluftvorrat in den Einsatz zu gehen. Interessant wird diese Regel allerdings, wenn der Nennfülldruck nicht bei 300 bar liegt. Dies ist z. B. bei Regenerationsgeräten für den Langzeitatemschutzeinsatz der Fall. Hier wird neben dem geschlossenen Atemkreislauf die Ausatemluft mit Sauerstoff angereichert. Der Nennfülldruck der Sauerstofflasche liegt in diesem Fall bei 200 bar. Auch dieses Atemschutzgerät und sein Anwender unterliegen der FwDV 7. Demnach darf dieses Atemschutzgerät unterhalb von 180 bar Fülldruck nicht mehr eingesetzt werden.

Merke:

90 % von 200 bar = 180 bar
90 % von 300 bar = 270 bar

2.3.3 Einsatz von Filtern in Brandstellen

Bei den deutschen Feuerwehren werden in der Regel Kombinationsfilter (Gas- und Partikelfilter z. B. ABEK2 Hg P3) mit Rundgewindeanschluss eingesetzt. Diese Filter werden zusammen mit dem Atemanschluss (Vollmaske) verwendet. ABEK2 Hg P3-Filter sind keine speziell für die Feuerwehr hergestellten Filter. Diese Filter werden in der Masse für die chemische Industrie gefertigt, wo Art und Umfang der Produkte in Gänze bekannt sind. Die genaue Schutzklasse ist dem Beipackzettel des jeweiligen Filters zu entnehmen. ABEK2 Hg P3-Filter schützen zeitlich begrenzt vor folgenden chemischen Stoffen:

- »A« – Braune Banderole: organische Gase und Dämpfe mit Siedepunkt > 65 °C
- »B« – Graue Banderole: anorganische Gase und Dämpfe
- »E« – Gelbe Banderole: Schwefeldioxid, Hydrogenchlorid
- »K« – Grüne Banderole: Ammoniak und organische Ammoniakderivate
- »2« – Mittlere Schutzstufe: höchstzulässige Konzentration 5 000 ppm
- »Hg« – Rote Banderole: Quecksilber-Dampf
- »P« – Schutz vor Partikeln
- »3« – Höchste Schutzklasse (Partikel)

An dieser Stelle möchte ich Ihnen vom Einsatz von Filtern in Brandstellen – auch zu Nachlöscharbeiten – abraten! Die FwDV 7 wird in der Regel auch in diesem Punkt von vielen Atemschutzgeräteträgern falsch interpretiert. So steht in der FwDV 7: *»Filtergeräte dürfen nicht eingesetzt werden, wenn Art und Eigenschaft der vorhandenen Atemgifte unbekannt sind…«* Art und Eigenschaft der vorhandenen Atemgifte sind in der Regel an jeder Brandstelle unbekannt. Schließlich kann während des Feuerwehreinsatzes nicht genau gesagt werden, was und wie viel verbrannt wird und welche chemischen Stoffe diese Verbrennung freisetzt. Somit ist nach FwDV 7 der Einsatz von Filtern problematisch. Ein weiterer Knackpunkt – und jedem Feuerwehrmann bekannt – ist das allgegenwärtige Kohlenmonoxid (CO), welches bei Verbrennungen entsteht.

Kohlenstoffmonoxid ist ein gefährliches Atemgift. Wenn es über die Lunge in den Blutkreislauf gelangt ist, bindet es sich fest an das Hämoglobin und behindert so den Sauerstofftransport im Blut, was zum Tod durch Erstickung führen kann. Symptome einer leichten Vergiftung sind Kopfschmerzen und grippeähnliche Symptome. Höhere Dosen wirken signifikant toxisch auf das zentrale Nervensystem und das Herz. Leider ist vielen Einsatzkräften unbekannt, dass der regelhaft bei der Feuerwehr verwendete ABEK2 P3-Filter ein umgebungsluftabhängiges Atemschutzgerät ist und kein Kohlenmonoxid filtert. Lediglich Brandfluchthauben besitzen einen CO-Filter. Atemluftabhängig bedeutet auch, dass im Minimum 17 Vol.-% Sauerstoff in der Umgebungsluft vorhanden sein muss, was

Bild 8: ***Einsatz von Filtern am Dekontaminations-/Desinfektionsplatz (Quelle: Feuerakademie Hamburg, Fachbereich ABC-, Umwelt- und Atemschutz)***

in einer Brandstelle schwer sicherzustellen ist. Für die chemische Industrie bedeutet dies, dass ein Sauerstoffmessgerät mitgeführt werden muss. Für Feuerwehren stehen diese Mittel allerdings regelhaft nicht flächendeckend zur Verfügung. Atemfilter sind aus Sicht des Autors in Brandstellen immer kritisch zu sehen, das Unfallrisiko einer CO-Vergiftung ist schwer kalkulierbar. Wegzudenken sind Filter dennoch nicht, da sie bei Einsätzen im CBRN-Bereich ihre Anwendung finden.

2.3.4 Truppweise vorgehen

Das truppweise Vorgehen ist ein Grundsatz, der jedem Atemschutzgeräteträger bekannt sein sollte. Leider sind auch hier Verstöße allgegenwärtig zu beobachten. So kann immer wieder beobachtet werden, wie sich einzelne Atemschutzgeräteträger in Einsatzstellen bewegen.

Ein Trupp besteht dabei mindestens aus einem Truppführer und einem Truppmann. Im Rahmen der Unfallprävention ist es wünschenswert einen erfahrenen Atemschutzgeräteträger als Truppführer einzusetzen. Sollten Sie als Führungskraft ein ungutes Bauchgefühl mit der Besetzung einzelner Atemschutztrupps haben, so handeln sie umgehend. Für die Umbesetzung eines Atemschutztrupps wird in der Regel jede Einsatzkraft Verständnis haben. Ebenso ist der Einsatz eines unerfahrenen Trupps im rückwärtigen Bereich am Anfang zu empfehlen. Es ist sinnvoll, Atemschutzgeräteträger langsam aufzubauen und sie nicht gleich ins kalte Wasser zu werfen und zu überfordern.

Bild 9: ***Truppweise vorgehen***

Merke – Hinweise zum Einsatz von Drei-Mann-Trupps:

Die Erhöhung der Truppstärke hat zur Folge, dass die Arbeitsgeschwindigkeit, insbesondere in der Fortbewegung, sinkt. Hindernisse, die zuvor von zwei Truppmitgliedern zu bewältigen waren, müssen nun von drei Truppmitgliedern bewältigt werden. Ein weiterer Punkt ist die interne Kommunikation. Beim Drei-Mann-Trupp kommunizieren drei Atemschutzgeräteträger miteinander, auch dieser Umstand verlangsamt den Trupp. Der wichtigste Punkt ist jedoch das Risiko, dass ein Trupppartner den Anschluss zum Trupp verliert und dies spät auffällt: Ist es in einem Zwei-Mann-Trupp selbstverständlich auf den Partner aufzupassen, so ist die Rollenverteilung in einem Drei-Mann-Trupp schwieriger. »Wer passt auf wen auf?« Diesem Umstand ist durch einen erfahrenen Truppführer Rechnung zu tragen.

2.3.5 Sicherstellung der Kommunikation

Ohne Kommunikation läuft es selbst an kleinen Einsatzstellen nicht. Kommunikation wird häufig als »Austausch« oder »Übertragung« von Informationen beschrieben. »Information« ist in diesem Zusammenhang eine zusammenfassende Bezeichnung für Wissen, Erkenntnis oder Erfahrung. Mit »Austausch« ist ein gegenseitiges Geben und Nehmen gemeint. »Übertragung« ist die Beschreibung dafür, dass dabei Distanzen überwunden werden können. Die Kommunikation wird in der Regel über den Einsatzstellenfunk (Digitalfunk) sichergestellt. Die erste und wichtigste Sprechverbindung des Atemschutzgeräteträgers ist die zu seinem Einheitsführer. Dies wird in der Regel ein Gruppenführer/Fahrzeugführer sein. Da die Reichweite des Einsatzstellenfunks sehr begrenzt ist, ist die Funkverbindung ständig zu überprüfen. Dies sollte durch regelmäßige Meldungen über den Einsatzstatus und über die Behälterdrücke automatisiert passieren. Um Missverständnisse zu vermeiden, sind die Behälterdrücke in Zahlenreihen zu übermitteln. Aus 210 bar wird 2-1-0. Bis heute sind leider weite Teile der Einsatzstellenkommunikation nicht standardisiert, so dass 90 % des Funkspruchinhaltes den sprachlichen und geistigen Fähigkeiten des Atemschutzgeräteträgers obliegen. Es macht also durchaus Sinn, Phrasen zu üben und Standards im Einsatzstellenfunk zu trainieren. Bei der Erstellung von Standards lassen sich auch Analogien entwickeln. Ein wichtiger Standard muss zum Beispiel die Meldung bei Erreichen des Brandherdes mit gleichzeitiger Übermittlung der Flaschendrücke sein.

Beispiel einer Meldung:

Angriffstrupp Daldorf 1 hat das Feuer gefunden und beginnt mit den Löscharbeiten.
Meyer: 2-5-0; Lorenzen: 2-3-0

Ein weiterer Standard bei der Verwendung der Kommunikationsmittel muss die Integration von technischen Hilfsmitteln sein, sofern diese vorhanden sind. Leider zeigt sich in der Einsatzpraxis, dass Hilfsmittel oftmals nicht genutzt werden. Erfahrungen des Autors belegen, dass Gebäudefunkanlagen nicht genutzt werden, obwohl diese eine flächendeckende Funkverbindung gewährleisten. Ursächlich hierfür ist beispielsweise die Annahme, dass die Reichweite der Funkgeräte ausreicht. Teilweise handelt es sich aber auch um fehlende Kenntnisse im Umgang mit der Gebäudefunkanalage oder der eigenen Funktechnik (Umschalten des Funkkanals oder Unkenntnis des Gebäudefunkkanals). Sind Gebäudefunkanlagen installiert, so sind diese unbedingt zu nutzen! Gleiches gilt für Tunnelfunkanlagen, hausinterne Sprechstellen und Repeatersysteme (z. B. mobile Relais). Schon allein der Umstand des Vorhandenseins einer solchen Anlage muss jede Einsatzkraft nachdenklich werden lassen. Aufgrund der baulichen Situation wird es in diesen Objekten mit ziemlicher Sicherheit dazu kommen, dass die Reichweite der Funkgeräte nicht ausreicht. Sprich: aus dem Auge außer Reichweite, ein wirklich unangenehmes Gefühl.

2.3.6 Rückwegsicherung

Wenn Atemschutztrupps in von außen nicht einsehbare Bereiche eindringen, sind Rückwegsicherungen zu verwenden. Die Sprechverbindung ersetzt keine Rückwegsicherung. Neben der Schlauchleitung sind ausschließlich die Feuerwehrleine oder andere Leinensysteme als Rückwegsicherung zugelassen.

Ein häufiger Irrtum: »Die Wärmebildkamera ersetzt die Rückwegsicherung.« Eine Wärmebildkamera ersetzt definitiv keine Rückwegsicherung. Praxiserfahrungen des Autors können bestätigen, wie anfällig Wärmebildkameras bei extremen Umgebungsbedingungen sind. In zahlreichen Einsätzen sind Wärmebildkameras ausgefallen oder haben zumindest unzuverlässig gearbeitet.

Bild 10: ***Werden beim Innenangriff mehrere Strahlrohre vorgenommen, muss erfasst werden, an welcher Schlauchleitung die einzelnen Trupps zu finden sind.***

Bild 11: ***Unordentlich verlegte Schlauchleitungen erschweren die Zuordnung zu den vorgegangenen Trupps – keine guten Voraussetzungen für den Sicherheitstrupp bei einem Atemschutznotfall!***

Merke:

Schlauchleitungen und Leinen sind als Rückwegsicherungen anerkannt. Wärmebildkameras ersetzen keine Rückwegsicherung.

Richtiger Umgang mit Rückwegsicherungen

Werden mehr als zwei Schlauchleitungen im Innenangriff vorgenommen, so ist auf der Atemschutzüberwachungstafel unbedingt zu erfassen, an welchem Rohr der jeweilige Atemschutztrupp zu finden ist. Dies ist von größter Wichtigkeit, falls dieser Trupp abgelöst werden muss oder verunfallt. Die Schlauchleitung dient nachrückenden Kräften und dem Sicherheitstrupp als Wegweiser zum Trupp vor Ort. Es hätte folglich fatale Auswirkungen, wenn bei der Vornahme mehrerer Rohre im Innenangriff diese nicht akribisch notiert werden.

Ebenso akribisch müssen alle Einsatzkräfte darauf achten, dass die Schlauchleitungen ordentlich verlegt werden. So wird bei schlechten Sichtverhältnissen die Verfolgung der Schlauchleitungen erleichtert. Loops oder mehrere ineinander verdrehte Schlauchknäule erschweren folglich die Verfolgung der Schlauchleitung. Im schlimmsten Fall verlieren nachfolgende Trupps sogar die Orientierung und geraten selbst in eine Notlage.

Merke:

- **Die Atemschutzüberwachung muss die Rückwegsicherung erfassen: »Angriffstrupp Daldorf 1 am zweiten C-Rohr.«**
- **Rückwegsicherungen sind, soweit möglich, sauber auszulegen.**

Leinen sind in der Regel schwer zu ertasten und damit die schlechtere Variante der Rückwegsicherung. Werden Leinen eingesetzt, so ist der Anfang der Leine an einem Festpunkt anzubringen. Während der Vornahme der Leine sollte es unterlassen werden, die Leine irgendwo festzubinden. Unter eingeschränkten Sichtbedingungen kann dies ebenfalls zum Orientierungsverlust führen. Orientiert sich der Trupp an der Leine zurück aus der Einsatzstelle, so ist es ratsam, den Feuerwehrleinenbeutel abzulegen und entlang der ausgelegten Leine die Einsatzstelle zu verlassen.

2.3.7 1/3-2/3-Regel

Der wichtigste Einsatzgrundsatz, die 1/3-2/3-Regel (der Atemluftvorrat für den Rückweg muss doppelt so groß sein, wie Atemluft auf dem Hinweg verbraucht wird) wird am meisten missachtet. Hingegen ist der Irrglaube, die 55 +/-5 bar-Warneinrichtung (Pfeifton) sei ein Rückzugssignal, immer noch weit verbreitet. Die 1/3-2/3-Regel ist von elementarer Bedeutung für die Sicherheit des Atemschutztrupps, insbesondere in ausgedehnten Einsatzstellen mit langen Anmarschwegen. In ► Kapitel 7 wird auf diese grundlegende Regel näher eingegangen.

2.3.8 Überwachung des Behälterdruckes

Die Überwachung des Behälterdruckes innerhalb des Atemschutztrupps ist Aufgabe des Truppführers (► Kapitel 7). Die wichtigste Meldung, die bei Erreichen der Einsatzstelle kommen muss, ist die Meldung der Behälterdrücke aller Truppmitglieder (Bsp.: Meldung des Truppführers: »*Angriffstrupp Daldorf 1, Feuer gefunden, brennt Kellerverschlag, Brandbekämpfung eingeleitet, Müller zwo-vier-null, Meyer zwo-sechs-null*«).

2.3.9 Einsatzdauer eines Atemschutztrupps

Die Einsatzdauer des Atemschutztrupps richtet sich nach der Einsatzkraft im Trupp mit dem höchsten Atemluftverbrauch. Erst durch den Startdruck und die Meldung der Behälterdrücke bei Erreichen der Einsatzstelle lassen sich die **individuellen** Atemluftverbräuche ermitteln und ein Rückzugsdruck festlegen (▶ Kapitel 7).

Bild 12: ***Die Einsatzdauer hängt von der Tätigkeit ab. (Quelle: T. Jahn)***

2.3.10 Richtige Bereitstellung des Sicherheitstrupps

Ein Sicherheitstrupp stellt die Lebensversicherung der im Innenangriff eingesetzten Atemschutztrupps dar. Grundsätzlich muss der Sicherheitstrupp einen möglichst »kurzen Weg« zu den im Innenangriff eingesetzten Atemschutzgeräteträgern haben. Werden also mehrere Angriffswege gewählt, so sind an jedem dieser Angriffswege Sicherheitstrupps zu positionieren. Der Sicherheitstrupp steht fertig ausgerüstet in seinem Bereitstellungsraum und verfolgt den Funkverkehr im Einsatzstellenfunk. So hat der Sicherheitstrupp ständig ein eigenes Lagebild vor Augen. Sicherheitstrupps können Aufgaben im Nahbereich des Zuganges übernehmen, wenn sie von dieser Aufgabe umgehend entbunden werden können. Am sinnvollsten ist es allerdings, wenn sich die Mitglieder des Sicherheitstrupps für einen eventuellen Einsatz ausruhen.

Der Sicherheitstrupp ist mindestens mit einem gleichwertigen Atemschutzgerät ausgestattet wie der abzusichernde Atemschutztrupp. Sind in der Einsatzstelle mehrere Atemschutztrupps mit unterschiedlichen Atemschutzgeräten im Einsatz (Bsp.: Ein-Flaschen-Pressluftatmer, Zwei-Flaschen-Pressluftatmer oder Regenerationsgerät), so ist der Sicherheitstrupp mit dem höchstwertigsten Atemschutzgerät, welches im Innenangriff operiert, auszustatten.

Beispiel:

An einer unterirdischen Verkehrsanlage hat ein Sicherheitstrupp den Auftrag erhalten einen Brandabschnitt abzusichern. Im Brandabschnitt operieren drei Atemschutztrupps. Zwei Trupps mit Ein-Flaschen-Pressluftatmern und ein Trupp mit Zwei-Flaschen-Pressluftatmern. In diesem Fall ist ein Zwei-Flaschen-Pressluftatmer für den Sicherheitstrupp verpflichtend. Würde ein mit Ein-Flaschen-Pressluftatmern ausgerüsteter Sicherheitstrupp einem mit Zwei-Flaschen-Pressluftatmern ausgerüsteten Angriffstrupp zu Hilfe eilen, so würde der Sicherheitstrupp im schlimmsten Falle den Angriffstrupp nur unter Missachtung der 1/3-2/3-Regel oder gar nicht erreichen.

2.4 Minimierung menschlicher Fehler

Aus- und Fortbildung

Regelmäßige Aus- und Fortbildungen sind nicht immer machbar, dennoch sollte man nicht vergessen, dass die Benutzung eines Atemschutzgerätes einige Minimalkenntnisse zwingend voraussetzt (▶ Kapitel 1.3). Diese Minimalkenntnisse sind aus Sicht des Autors unabdingbar und bilden eine rudimentäre Grundlage für die Verwendung eines Atemschutzgerätes. Für eine langfristig wirksame Unfallprävention und die Aufrechterhaltung der Handlungsfähigkeit bei einem Zwischenfall reichen rudimentäre Grundkenntnisse bei weitem nicht aus.

Bild 13: ***Einsatzstelle mit erhöhten Unfallgefahren (Quelle: T. Jahn)***

Sensibilisierung

Unter **Sensibilisierung** versteht man die Bewusstmachung der Unfallgefahren und Komplikationen, die im Einsatz auftreten können. Wer noch nie etwas von den Unfällen in Köln oder Tübingen gehört hat, dem sind solche Szenarien meist unbekannt und dementsprechend weit weg. Interessanterweise gibt es trotz unzähliger Veröffentlichungen immer noch viele unwissende Atemschutzgeräteträger. Wer allerdings die Unfälle in Köln und Tübingen im Hinterkopf hat, der wird in gewissen Situationen vorsichtig agieren. In der Regel ist es sehr empfehlenswert, innerhalb des Teams über unterschiedliche Unfälle zu diskutieren. Im Idealfall werden sogar Parallelen erkennbar und die eigenen Schwachstellen können abgestellt werden. Um den gegenseitigen Austausch und die Sensibilisierung für Gefahren (z. B. für den Leitungsdienst) zu unterstützen, ist es empfehlenswert, Einsatzberichte in Form von Gruppenarbeiten zu diskutieren.

Beispiel Gruppenarbeit:

- Kürzen Sie im Vorfeld Unfallberichte auf die wesentlichen Informationen (max. ein bis zwei DIN A4 Seiten Text).
- Bilden Sie Gruppen.
- Teilen Sie je Gruppe einen Unfallbericht aus.
- Aufgabe: Jede Gruppe stellt ihren Unfall der anderen Gruppe vor.
- Fragestellungen: Was ist passiert? Hätte der Unfall verhindert werden können?

Richtiger Umgang mit der Atemschutztechnik (persönliche Einstellung)

Jeder Apell bei der jährlichen UVV-Einweisung und jede Ausbildung läuft ins Leere, wenn die persönliche Einstellung des Atemschutzgeräteträgers nicht stimmt. Eine gute persönliche Einstellung bedeutet, offen, positiv und respektvoll zu sein. Sie beinhaltet, Herausforderungen mit einer lösungsorientierten Haltung anzugehen, aus Fehlern zu lernen und sich kontinuierlich weiterzuentwickeln. Es geht auch darum, Verantwortung für das eigene Verhalten zu übernehmen, geduldig zu sein und sich selbst sowie andere zu schätzen. Eine gute Einstellung hilft dabei, in schwierigen Situationen besser zu agieren und handlungsfähiger zu sein.

Erkennen der eigenen Leistungsgrenzen
Jeder Atemschutzgeräteträger hat seine psychischen und physischen Leistungsgrenzen. Wichtig ist, diese Grenzannäherungen rechtzeitig zu erkennen und dementsprechend zu reagieren. Dies muss nicht zwangsläufig der Abbruch des Einsatzes sein, sondern kann sich auch auf andere Maßnahmen (z. B. kurze Pause oder Information des Trupppartners) beschränken.

Reglementierungen bei Nichteinhaltung
Verstöße gegen klare Regeln (und die gibt es im Atemschutz) müssen reglementiert werden. Erscheint jemand beispielsweise wiederholt nicht zum jährlichen Durchgang durch die Atemschutzübungsstrecke, so muss dieser Atemschutzgeräteträger zeitweise seine Tauglichkeit verlieren. Gibt es vielleicht sogar Gründe für dieses Verhalten? Dies gilt es herauszufinden und Lösungen zu finden.

Haar- und Barttracht
Im Bereich der Dichtlinie von Atemanschlüssen dürfen Atemschutzgeräteträger keinerlei Bart oder Koteletten tragen, da diese nachweislich zu Undichtigkeiten und dadurch bedingtem unkontrollierten Verlust von Atemluft führen! Gleiches gilt für den Haaransatz.

Als Atemschutzgeräteträger ist daher auf eine angemessene Haar- und Barttracht zu achten.

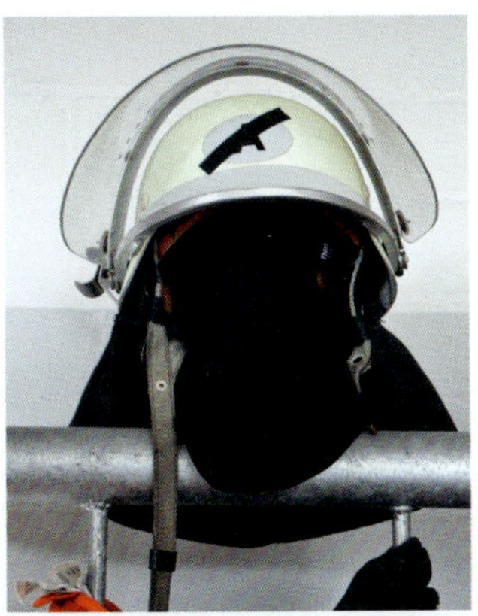

Bild 14: ***Erbringt ein Atemschutzgeräteträger nicht die geforderten Tauglichkeitsnachweise, darf er nicht mehr als Atemschutzgeräteträger eingesetzt werden.***

Merke:

Ein unkontrollierbarer Atemluftverlust steigert die Unfallgefahr.

Schutzkleidung als einmaliger Lebensretter

Die Angehörigen der Feuerwehr sind einer Reihe von unterschiedlichen Gefahren ausgesetzt. Die hohen Anforderungen, die dabei an die Schutzkleidung der Feuerwehr gestellt sind, leiten sich aus den zu erwartenden Gefahren an den Einsatzstellen ab. Da die Thematik Schutzkleidung sehr komplex ist und ein eigenes Rotes Heft füllen könnte, wird es an dieser Stelle nur kurz angerissen.

Die Europäische Norm DIN EN 469 »Schutzkleidung für die Feuerwehr – Leistungsanforderungen für Schutzkleidung für

Tätigkeiten der Feuerwehr« regelt die Beschaffenheit von Schutzkleidung für die Feuerwehr zur Brandbekämpfung und Technischen Hilfeleistung. In den meisten Bundesländern gilt zudem die »Herstellungs- und Prüfbeschreibung für eine universelle Feuerwehr-Schutzbekleidung« (HuPF), die Anfang 1996 durch eine Arbeitsgruppe des AK V der Innenministerkonferenz als technische Spezifikation konzipiert wurde. Die HuPF muss per Erlass oder Verwaltungsvorschrift in den jeweiligen Bundesländern eingeführt werden, da sie keine eigene Rechtsverbindlichkeit besitzt. HuPF und EN 469 sind nahezu gleichwertig in ihren Anforderungen. Schutzkleidung, die nicht der HuPF bzw. der EN 469 entspricht, ist nicht für die Brandbekämpfung im Innenangriff geeignet. Dies fußt auf jahrelanger Forschung und der Erfindung von modernen Werkstoffen, wie z. B. Aramidfasern (Markenname: Nomex und Kevlar) bzw. Polybenzimidazol (PBI). Schutzkleidung aus diesem Material ist extrem bruchfest, hitze- und feuerbeständig und schmilzt nicht oder nur teilweise. Im Extremfall wird die Schutzkleidung des Atemschutzgeräteträgers **einmalig** (z. B. bei einer unerwarteten Rauchgasdurchzündung) als Lebensretter dienen. Voraussetzung für einen lebensrettenden Schutz ist jedoch eine intakte und korrekt angelegte Schutzkleidung. Unsachgemäße Verwendung von Schutzkleidung zieht folglich eine Minderung der Schutzwirkung nach sich. Gleiches gilt für beschädigte, stark verschmutzte oder falsch gewartete Schutzkleidung.

Merke:

Verschmutzte, fehlerhafte oder falsch angelegte Schutzkleidung mindert die Schutzwirkung und kann schwere Verletzungen nach sich ziehen!

Eigenverantwortlichkeit

Da es sich in den meisten Fällen um persönliche Schutzkleidung bei der Feuerwehr handelt, ist jede Einsatzkraft auch persönlich für die volle Funktionsfähigkeit verantwortlich. Diese persönliche Eigenverantwortung umfasst mindestens die regelmäßige Überprüfung der Schutzkleidung auf Beschädigungen und Sauberkeit. Des Weiteren hat der Atemschutzgeräteträger auf den korrekten Sitz der Schutzkleidung zu achten.

Bild 15: ***Die Schutzkleidung als einmaliger Lebensretter (Quelle: Exponat unter:*** *www.atemschutzunfaelle.eu****)***

Vier-Augen-Prinzip

Das Vier-Augen-Prinzip findet seine Anwendung in der gegenseitigen Kontrolle der angelegten Schutzkleidung vor dem Einsatzbeginn. Diese wichtige Kontrolle kann innerhalb des Atemschutztrupps erfolgen.

Bild 16: ***Kontrolle der Atemschutzgeräte (Quelle: Y. Lang)***

Problem moderner Schutzkleidung

Früheren Generationen von Atemschutzgeräteträgern war es meist nicht möglich, einen Innenangriff lange durchzuhalten. Bis weit in die 1990er-Jahre war es völlig normal allenfalls über eine einfache Baumwolljacke und Baumwollhose zu verfügen.

Selbst mit einteiligen Baumwollkombis oder einer Uniform (bis in die 1980er-Jahre) wurde die Innenbrandbekämpfung durchgeführt. Von einer Schutzkleidung konnte seinerzeit in keinster Weise gesprochen werden. Der Innenangriff war damals von einer tiefen Gangart geprägt, da es sich stehend in der Einsatzstelle aufgrund der hohen Temperaturen nicht aushalten ließ.

Die Weiterentwicklung der Schutzanzüge und die Einführung von Feuerschutzhauben und Brandbekämpfungshandschuhen ermöglichen es den Atemschutzgeräteträgern heute, schnell und tief in Einsatzstellen vorzudringen. Dabei ist augenscheinlich auch eine aufrechte Gangart kein Problem, da die Hitze der Umgebung kaum spürbar ist. Dieses falsche Sicherheitsgefühl des Atemschutzgeräteträgers führt uns in ▶ Kapitel 3 – Technische Faktoren.

3 Technische Faktoren

3.1 Wie gehe ich mit (mir und) der Technik um?

Eigentlich wissen wir doch bestens Bescheid! In einem Brandraum entstehen bei optimalen Bedingungen Temperaturen bis 1 000 °C unterhalb der Decke. Bei diesen Bränden können die Rauchgase kurzzeitig eine Temperatur von über 700 °C erreichen. Rauchgase sind brennbar und teilweise derart thermisch aufbereitet, dass sie sich an der frischen Luft (z. B. Austritt aus einem Fenster) selbst entzünden. Das Phänomen einer Rauchgasdurchzündung oder einer Rauchgasexplosion ist jedem bekannt. Ging es in der Vergangenheit in erster Linie darum, Atemschutzgeräteträger vor Verletzungen zu schützen, so muss unter dem Aspekt der Entwicklung neuer moderner Schutzkleidung umgedacht werden.

Ein moderner Schutzanzug ist definitiv **kein** Flammschutz oder Hitzeschutzanzug. Durch die verwendeten Materialien merken wir die thermischen Einflüsse leider erst sehr spät. Da der Mensch bequem ist, neigt der Feuerwehrmann dazu, aufrecht stehend in den Innenangriff zu gehen. Der Atemschutzgeräteträger muss allerdings darauf achten, dass unnötige thermische Belastungen vermieden werden. Am besten erreicht er dies durch eine tiefe Gangart. Bis zum Erreichen der Leistungsgrenze nimmt der Anzug Wärmeenergie auf und hält somit Hitze von unserem Körper ab. Ist die Leistungsgrenze durch eine thermische Überbelastung erreicht, schlägt die

Hitze durch und es kann zum schlagartigen Verdampfen des Körperschweißes kommen, wodurch der Atemschutzgeräteträger verletzt werden kann.

Bild 17: ***Durch moderne Schutzkleidung werden Atemschutzgeräteträger (hier bei einer Heißausbildung) gut gegen äußere Wärmeeinwirkungen geschützt. Die thermische Belastbarkeit einzelner Bauteile (z. B. Lungenautomat) wird dadurch oft nicht beachtet.***

Durch moderne Schutzkleidung können wir heutzutage viel leichter und schneller zum Brandherd vordringen – dies war früheren Generationen nur schwer möglich! Meist spüren wir die Hitze nicht intensiv und fühlen uns sicher. Betrachtet man ▶ Bild 17, stellt man fest, dass die Feuerwehrleute sehr entspannt wirken, obwohl sie mit den Köpfen direkt in den heißen Rauchgasen stehen! Wie heiß mag es an der Oberfläche des Helmes, der Maske und des Lungenautomaten wohl sein?

3.2 Thermische Überlastungen minimieren

Der Einblick in das Schnittmodell eines Lungenautomaten (▶ Bild 18) zeigt, wie filigran die Technik im Inneren aufgebaut ist. Thermische Überlastungen sind daher zwingend zu vermeiden. Neben der tiefen Gangart kann die thermische Belastung auch durch die Verkürzung der Einsatzdauer erreicht werden. Eine permanente Rauchgaskühlung sowie die Schaf-

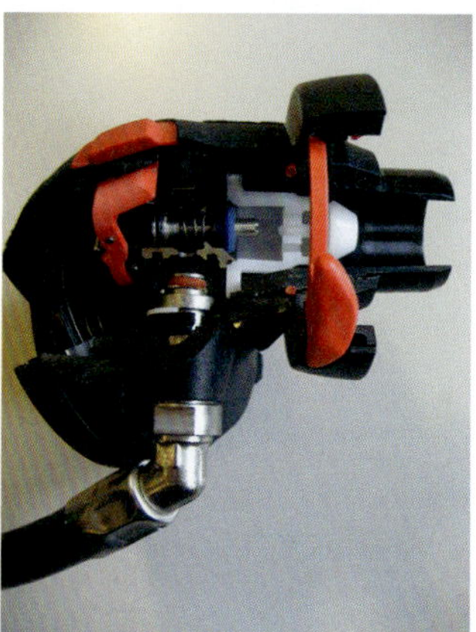

Bild 18: ***Querschnitt durch einen Lungenautomaten***

fung eines Rauch- und Wärmeabzugs in Verbindung mit einer Strömungsmaschine (Turbo-, Druckbelüfter oder Be- und Entlüftungsgeräte) kann die thermische Belastung deutlich senken.

3.3 Die richtige Fortbewegung

Aufgrund der Erkenntnisse, dass die Atemschutztechnik nicht unzerstörbar ist, sollten wir uns wieder auf alte Werte zurückbesinnen und in die tiefe Gangart zurückkehren. Tiefe Gangarten haben viele Vorteile. Neben der geringen thermischen Beaufschlagung ist auch das Erkennen von Absturzgefahren oder die schnelle Durchführung eines Flash-over-Reflexes zu nennen. Unter schlechten Sichtbedingungen ist die richtige Fortbewegung wichtig, um Absturzgefahren oder Stolperfallen (hierzu zählen auch Schläuche) zu erkennen. In unzähligen Veröffentlichungen wurden diverse Fortbewegungsarten diskutiert. Es gibt viele unterschiedliche Arten sich in einer Einsatzstelle fortzubewegen, dementsprechend kann man auch viel verkehrt machen. Zwei einfache Arten der Fortbewegung sollte jedoch jeder Atemschutzgeräteträger beherrschen und auch leben. Als verlängerten Arm sollte zudem die Feuerwehraxt/Brechwerkzeuge Verwendung finden.

1. Der Gang auf allen Vieren eignet sich, um unter schlechten Sichtbedingungen längere Strecken zurückzulegen. Nachteil: Die Bedienung des Strahlrohres ist erschwert und die Rauchschicht kann schlechter beobachtet werden.

Bild 19: ***Seitenkriechgang (Quelle: A. Semmelhack)***

2. Der Seitenkriechgang ist aufgrund der ergonomisch unvorteilhaften Körperhaltung leider nur auf kurzen Strecken anwendbar, dennoch eignet er sich sehr gut, wenn parallel zur Fortbewegung mit dem Strahlrohr gearbeitet werden muss (z. B. Rauchgaskühlung oder indirekte Brandbekämpfung mit Blick nach oben).

Bild 20: ***Seitenkriechgang, Feuerwehraxt als »Armverlängerung« (Quelle: A. Semmelhack)***

Aus praktischen Erfahrungen empfiehlt sich eine Mischung aus beiden Fortbewegungsarten.

3.4 Mechanische Belastungen

Die Beschädigung der Atemschutztechnik kann auch schon vor dem eigentlichen Einsatz geschehen. So kann z. B. ein Atemschutzgerät derart falsch verlastet werden, dass der pneumatische Teil (Schläuche, Armaturen, Verbindungen) Schaden nimmt. Bei der Verlastung ist dementsprechend darauf zu achten, dass Schläuche nicht geknickt oder in der Aufnahme eingeklemmt werden. Der bewusste Umgang mit der Atemschutztechnik fängt also schon vor dem Einsatz an. Gleiches gilt für das Auf- und Absetzen eines Pressluftatmers. Dies sollte zwingend ohne wild schleudernden Lungenautomaten geschehen. Zum einen bekommt dann niemand denselbigen ins Gesicht, zum anderen kann dieser nirgends anstoßen. Ist der Pressluftatmer angelegt, wird der Lungenautomat in eine Parkhalterung arretiert, sofern diese vorhanden ist. Es ist ungemein hinderlich, mit einem herabhängenden Lungenautomaten aus einem Drehleiterkorb oder von einer tragbaren Leiter in ein Fenster einzusteigen. Weiterhin ist darauf zu achten, dass der Lungenautomat nicht durch das eigene Körpergewicht gequetscht wird. Immer wieder sieht man Atemschutzgeräteträger, die den Lungenautomat mit ihrem Körpergewicht unnötigen mechanischen Belastungen aussetzen

Bild 21: ***Beispiel für einen engen Durchstieg (Quelle: T. Jahn)***

(Negativbeispiel: kniend auf dem herabhängenden Lungenautomaten).

Merke:

Thermische und mechanische Belastungen können Beschädigungen der Atemschutztechnik verursachen.

3.5 Technische Fehler erkennen

Vor jedem Einsatz und jeder Übung ist eine so genannte Einsatzkurzprüfung durchzuführen. Kernpunkt dieser Überprüfung ist die **Masken- und Hochdruckdichtprobe**, durch die Undichtigkeiten im System festgestellt werden können. Findet diese Überprüfung nicht statt, so ist der Atemschutzgeräteträger aufgrund eines möglichen technischen Fehlers unfallgefährdet. Interessanterweise würde kein Taucher oder Fallschirmspringer ohne Überprüfung seines Gerätes einen Tauchgang oder Sprung wagen. Viele Atemschutzgeräteträger vertrauen der Atemschutzwerkstatt anscheinend blind und vergessen dabei den wichtigsten juristischen Satz der FwDV 7: *»Atemschutzgeräteträger handeln eigenverantwortlich!«* Betrachten wir das nachfolgende ▶ Bild 22. Macht dieses Atemschutzgerät einen einsatzbereiten Eindruck?

Bild 22: ***Dieses Atemschutzgerät ist nicht sofort einsatzbereit, da die Gurte unsortiert und außerdem strammgezogen sind.***

Bild 23: ***Einsatzkurzprüfung bei Dienstbeginn***

Bild 24: ***Tägliche Überprüfung des Atemschutzgerätes bei Dienstbeginn (Quelle: BF Hamburg)***

Hochdruckprüfung eines Pressluftatmers:

1. Atemluftflasche ganz aufdrehen.
2. Atemluftvorrat am Manometer ablesen und merken.
3. Atemluftflasche ganz zudrehen.
4. Manometer beobachten.
5. Atemschutzgeräte sind **NICHT** zu verwenden, wenn der Druckabfall bei geschlossenem Flaschenventil **10 bar oder mehr pro Minute** beträgt. (10 bar entsprechen in der Regel einem Teilstrich auf der Manometeranzeige.)

Dichtprobe des Atemanschlusses:

Nicht nur am Pressluftatmer, sondern auch an der Atemschutzmaske können technische Defekte auftreten, die neben einer Sichtprüfung ebenfalls durch eine Dichtprobe erkannt werden können.

1. Maske aufsetzen.
2. Mit Handballen abdichten. (Maske dabei nicht an das Gesicht drücken.)
3. »Leichten« Unterdruck durch Einatmen erzeugen.
4. Unterdruck muss sich mindestens zwei Sekunden halten, ansonsten ist die Maske undicht.

Achtung:

Durch einen zu starken Unterdruck kann das Ein- oder Ausatemventil umklappen und dadurch funktionsuntüchtig gemacht werden.

3.6 Verlust von Bauteilen

Atemschutzmasken, bei denen Bauteile abgefallen sind oder demontiert wurden, sind umgehend über die Atemschutzwerkstatt zu tauschen. Gleiches gilt für Pressluftatmer.

Durch den Verlust des Schutzsiebes (▶ Bild 25) ist das Ausatemventil ungeschützt und kann leicht verloren werden. Durch den Verlust des Ausatemventils (▶ Bild 26) würde es zum unkontrollierten Abströmen von Atemluft kommen.

Bild 25: ***Verlust des Schutzsiebes des Atemanschlusses***

Bild 26: ***Verlust des Ausatemventils***

3.7 Anlegen der Feuerschutzhaube

Leider gibt es immer noch Atemschutzgeräteträger, die ihre Feuerschutzhaube wie einen Schal um den Hals tragen. Nach dem Aufsetzen der Maske wird diese dann von hinten nach vorne über die Maske gezogen. **Das ist aus Sicht des Autors falsch!** Feuerschutzhauben sind grundsätzlich von vorne über die Atemschutzmaske zu stülpen, da ansonsten die Gefahr besteht, die Bebänderung der Maske zu lösen.

3.8 Oft unterschätzt: Das Flaschenventil als Fehlerquelle!

Im Atemschutzeinsatz tastet sich der Atemschutztrupp meist zwangsläufig dicht an Wänden, Böden und Türen entlang. Dabei kann es passieren, dass sich das Flaschenventil des Atemschutzgerätes selbst verschließt. Versuche an der Feuerwehrakademie Hamburg haben gezeigt, dass selbst glatte Oberflächen (wie z. B. Metalltüren) in der Lage sind, das Flaschenventil ohne Probleme auf einer Länge von nur 50 bis 60 cm selbsttätig zu verschließen! Es spielt keine Rolle, welche Form ein Flaschenventil hat. Eckige Ventile schließen sich ebenso leicht wie runde Ventile. Der Atemschutzgeräteträger merkt dies lediglich durch ein kurzes Ansprechen der Warneinrichtung und die sofortige Unterbrechung der Atemluftzufuhr.

Bild 27: ***Selbstschließendes Flaschenventil (Rückenlage, z. B. in einer Atemschutzübungsstrecke)***

Tritt dieser Fall ein, ist die erste Maßnahme ein so genannter Griffreflex zum Flaschenventil, um dieses wieder zu öffnen und so die Störung zu beheben. Eine einfache und wirksame Übung ist das bewusste gegenseitige Zudrehen des Flaschenventils. Sobald der Lungenautomat keine Atemluft mehr liefern kann, fasst der Atemschutzgeräteträger selbstständig an das Flaschenventil und dreht dieses auf. Die Übung sollte zwei- bis dreimal wiederholt werden. In einer Übung zu einem späteren Zeitpunkt kann von einem Ausbilder die Atemluftflasche unbemerkt zugedreht werden. Wenn der Atemschutzgeräteträger den so genannten Griffreflex anwendet, war die Lektion erfolgreich.

Bild 28: ***Bewusstes Zudrehen der Atemluftflasche durch den Trupppartner***

Bild 29: ***Durchführung des Griffreflexes***

Merke:

Bei einer plötzlichen Unterbrechung der Atemluftversorgung ist der »Griffreflex« am Flaschenventil anzuwenden!

4 Die Mission (Schwierigkeitsgrad)

Ein weiterer Faktor, der einen Einfluss auf das Unfallrisiko hat, ist der Einsatzauftrag (die Mission). So birgt der Einsatz in einer unterirdischen Verkehrsanlage mit langen Anmarschwegen und dem Einsatz von Langzeitatemschutzgeräten weitaus höhere Risiken als ein Zimmerbrand. Je höher das Risikopotential, desto kleiner sind die Toleranzgrenzen auftretender Fehler bis zum Eintritt eines Unfalls. Ein Indikator für das Risikopotenzial eines Einsatzauftrags ist die zu erwartende Eindringtiefe in ein Objekt. Je größer und verzweigter das Objekt, desto risikoreicher ist der Einsatzauftrag, da die Einsatzstelle beim Eintreten eines Unfalls nicht einfach sofort verlassen werden kann. Einhergehend mit der Größe eines Objektes ist auch der Vorbeugende Brandschutz ein wichtiger Indikator für ein (un-)kalkulierbares Risiko. Einsatzaufträge in alten Gebäuden können mit einem erhöhten Risiko behaftet sein, da diese Gebäude keine oder nur eingeschränkte sichere Lösch- und Rettungsmaßnahmen gewährleisten können. Beispielhaft seien hier um die Jahrhundertwende erbaute Mehrfamilienhäuser mit hölzernen Treppenhäusern genannt. Gebäude genießen immer den so genannten Bestandsschutz der Baugenehmigung aus der Zeit, in der sie erbaut wurden. Sprich, wenn ein Gebäude 1965 erbaut wurde und sich seine Nutzung nie geändert hat, so gilt auch heute noch der Vorbeugende Brandschutz von 1965. Natürlich gibt es auch Eigentümer, die ihre Gebäude im eigenen Interesse brandschutztechnisch ertüchtig haben. Das ist aber eher selten der Fall.

Bild 30: ***Einsatz in einem Industriegebäude (Quelle: T. Jahn)***

5 Fehler im Management

Unter Management verstehen wir die Führungskräfte der Feuerwehr, die den Einsatzverlauf steuern, indem sie strategische Entscheidungen treffen und diese als Befehl formulieren.

Selbstverständlich müssen Führungskräfte alles tun, um Fehler im Einsatzablauf zu vermeiden. Wenn ein Fehler eingetreten ist, muss dieser schnellstmöglich erkannt und umgehend kompensiert werden. Unsorgfältig getroffene Entscheidungen, z. B. aufgrund einer falschen Annahme der Ausgangslage, können der erste Stein des Anstoßes eines Dominoeffektes (Fehlerkette) sein.

Beispiel:

Wird beim Eintreffen an der Schadenstelle eine unsachgemäße, d. h. unvollständige Erkundung durchgeführt – die Führungskraft unterlässt die Erkundung der Rückseite eines brennenden Gebäudes und nimmt so den unter hohem Druck entweichenden Rauch aus einem Fenster nicht wahr – begünstigt dies das Risiko eines Atemschutzunfalls.

Wurde allerdings die Rückseite erkundet und die Erkundungsergebnisse dem Atemschutztrupp mitgeteilt, so kann sich der Trupp auf die Lage einstellen. Die Arbeit der Feuerwehr ist eine Teamleistung und nur, wenn auch als Team gearbeitet wird, können Einsätze sicher und mit Erfolg bearbeitet werden.

Neben fehlenden Informationen können natürlich auch Missverständnisse, das falsche Verstehen von Meldungen oder

Anweisungen, widersprüchliche Anweisungen, Personalmangel, Befehlsketten oder Kommunikationsprobleme (z. B. die Unterbrechung des Informationsweges) oder falsche Wahrnehmung; bzw. Wahrnehmungsfehler, Wahrnehmungsstörungen und Wahrnehmungstäuschungen zu Fehlern im Management führen. Aber auch die Auswahl der falschen Atemschutzgerätetechnik, die Anwendung der falschen Taktik oder die Überforderung von Einsatzkräften durch die unüberlegte Vergabe von Einsatzaufträgen aufgrund unzureichender Ausbildung oder mangelnder Erfahrung führen zu Fehlern im Management und folglich zur Gefährdung der eingesetzten Atemschutztrupps.

6 Äußere Einflüsse

6.1 Murphy's Law, Yerkes und Dodson

Zu den Unwegsamkeiten des Alltags (auch des Einsatzalltags) gehört zweifellos Murphys Gesetz und das Gesetz von Yerkes und Dodson.

Murphys Gesetz (engl. Murphy's Law) ist eine auf den US-amerikanischen Ingenieur Edward A. Murphy jr. zurückgehende Lebensweisheit, die eine Aussage über das menschliche Versagen bzw. über die Fehlerquellen in komplexen Systemen macht. Eine Studie über Murphys Gesetz wurde 1996 mit dem Ig-Nobelpreis (eine satirische Auszeichnung, um wissenschaftliche Leistungen zu ehren, die »Menschen zuerst zum Lachen und dann zum Nachdenken bringt«) ausgezeichnet. Murphys Gesetz lautet:

»Alles, was schiefgehen kann, wird auch schiefgehen.« (»Whatever can go wrong, will go wrong.«)

Das Paradoxe an Murphys Gesetz ist, dass für Dinge, die schiefgehen, einerseits immer Menschen in irgendeiner Weise verantwortlich sind, andererseits aber bestimmte Faktoren, die nicht in der Macht einzelner Menschen stehen, mit dafür sorgen, dass etwas irgendwann (notwendigerweise) schiefgeht. Als solche Faktoren macht er z. B. die unkontrollierbaren Handlungen der Mitmenschen aus, unbewusste Sabotageakte unseres Gehirns, den eigenen, unbändigen Willen unseres

Körpers oder die berühmte Tücke des Objekts. Unter Umständen könnten auch alle Faktoren zusammen die »Katastrophe« herbeiführen.

Das Yerkes-Dodson-Gesetz (nach Robert Yerkes und John D. Dodson) beschreibt die menschliche Leistungsfähigkeit in unterschiedlichen Umständen: Zwischen der physiologischen Aktivierung und der Leistungsfähigkeit besteht ein umgekehrt u-förmiger Zusammenhang. Der Leistungsverlauf ist bei jedem Menschen sehr veränderlich. Er hängt von der Höhe der emotionalen Aktiviertheit ab. Bei Unterforderung bleibt der Mensch hinter seinen Möglichkeiten zurück – es entsteht ein Leistungsleck. Durch ein gesundes Maß an emotionaler Aktiviertheit kann die Leistung bis zu einem Spitzenwert gesteigert werden. Erhöht sich das Erregungsniveau über das erforderliche Maß, sinkt die Leistung wieder ab.

Wird der Leistungsverlauf in Abhängigkeit vom Erregungsniveau in ein Koordinatensystem eingetragen, so ergibt sich eine umgekehrte u-Kurve. Dieser Zusammenhang wird Yerkes-Dodson-Gesetz genannt (▶ Bild 31).

Was bedeutet das für uns als Feuerwehr? Das Gesetz von Yerkes und Dodson beschreibt eine Situation, die sehr häufig in Einsatzsituationen aber auch z. B. bei Atemschutznotfallübungen (bei künstlicher Erzeugung von Stressoren z. B. Lärm, Funk, Schlauchwirrwarr, Zeitdruck) zu beobachten ist. Wenn eine Einsatzkraft maximal angespannt ist (z. B. durch Stress) nimmt die »geistige« Leistungsfähigkeit rapide ab. Die wild schreiende gestresste Führungskraft dürfte spätestens jetzt vor unserem geistigen Auge auftauchen. Das Gesetz trifft aber nicht nur auf Führungskräfte zu, sondern auf alle Einsatzkräfte, auch den Atemschutzgeräteträger. Gerät dieser in eine für ihn unbekannte Situation, die eine maximale Anspannung hervorruft, so ist mit unkontrollierten, unüberlegten, reflexartigen Handlungen zu rechnen. Das Risiko eines Unfalls steigt.

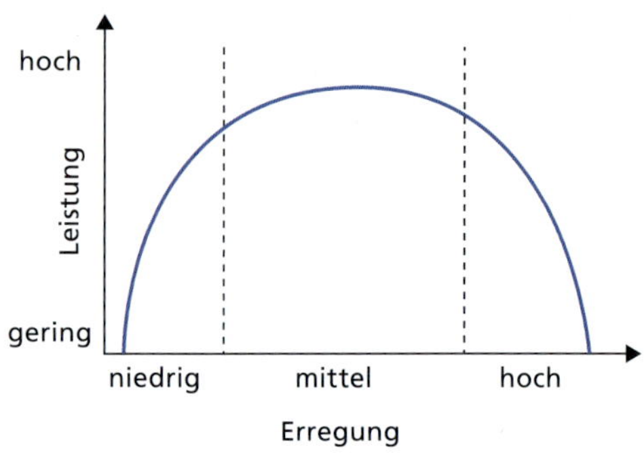

Bild 31: ***Gesetz von Yerkes und Dodson***

6.2 Sonstige Gefahren im Atemschutzeinsatz

Alle Gefahren an der Einsatzstelle (AAAA-C-EEEE) können auch im Atemschutzeinsatz auftreten. Einige Gefahren sind frühzeitig bekannt und die Vorgehensweise des Atemschutztrupps ist dahingehend angepasst. Die meisten Gefahren jedoch sind unbekannt und treten daher unerwartet auf. Diese Gefahren stellen für den Atemschutztrupp eine ernst zu nehmende Bedrohung dar, der nur erfolgreich mit der richtigen persönlichen Einstellung begegnet werden kann.

(A) Atemgifte

Atemgifte sind allgegenwärtig wo Atemschutzgeräteträger eingesetzt werden. Wichtig ist daher die korrekte Auswahl der Atemschutztechnik. Es sei an dieser Stelle nochmals auf die bereits erwähnte Problematik bei der Verwendung von umluftabhängigen Atemschutzgeräten (Atemfiltern) hingewiesen. Beim Vorhandensein von Atemgiften ist daher grundsätzlich die Verwendung von umluftunabhängigen Atemschutzgeräten indiziert, sofern Art und Umfang der Atemgifte (Risiko) unbekannt ist.

Bild 32: ***Insbesondere bei Nachlöscharbeiten ist mit einer erhöhten Konzentration von Atemgiften zu rechnen. (Quelle: T. Jahn)***

(A) Ausbreitung – Extremes Brandverhalten

Unter »extremem Brandverhalten« versteht man eine unkontrollierbare und schnelle Brandausbreitung. Unkontrollierbar bedeutet immer ein erhöhtes Unfallrisiko für die im Innenangriff eingesetzten Atemschutzgeräteträger. Extremes Brandverhalten ist die Hauptursache für Atemschutzunfälle weltweit (Rauchgasdurchzündungen und Rauchgasexplosionen). Das Unfallrisiko kann in diesem Fall nur durch das reibungslose Zusammenspiel aller Faktoren (Management) minimiert werden.

Eine aktive Unfallprävention ist die Anleiterbereitschaft (ALB). Sie ist eine einsatztaktische Maßnahme zur Sicherstellung eines zweiten Rettungs- und Rückzugswegs für im Innenangriff vorgehende Atemschutzgeräteträger, wenn sich Brandstellen in Geschossen oberhalb des Erdgeschosses befinden. Hierzu werden, je nach Lage, Drehleitern und tragbare Leitern am betroffenen Objekt so in Stellung gebracht, dass im Bedarfsfall ihre sofortige Benutzung möglich ist. Die Anleiterbereitschaft ist ein wichtiger Baustein der Selbstrettungsmöglichkeiten.

Der in ▶ Bild 33 darstellte »Bail-out« (engl.: Rettungsaktion abspringen, aussteigen) ist eine spezielle Form der Benutzung einer in Anleiterbereitschaft befindlichen tragbaren Leiter. Diese Form kommt aus Amerika. Hier werden die Leitern abgeflacht und mit geringem Sprossenüberstand in Stellung gebracht, um das schnellstmögliche Verlassen eines Gebäudes sicherzustellen. Über den Sinn des »Bail-out« lässt sich streiten, dennoch ist der »Bail-out« aus Sicht des Autors eine interessante Ergänzung zur Anleiterbereitschaft, zumindest der geringe Sprossenüberstand kann für neue Denkansätze sorgen.

Bei der Übung des »Bail-out« ist selbstverständlich auf eine geeignete Absturzsicherung zu achten.

Bild 33: ***Üben der Selbstrettung »kopfüber« – »Bail-out« (Quelle: A. Semmelhack)***

(A) Angstreaktion/Panik

Die Angstreaktion gehört eigentlich in die Kategorie »Faktor Mensch«, sie ist aber der Vollständigkeit halber an dieser Stelle erwähnt.

Die Wahrnehmung einer wirklichen oder vermeintlich ernsten Bedrohung kann im Gehirn die besonnene Aufmerksamkeit einschränken oder ausschalten. Dies geschieht zugunsten eines der drei archaischen Notfallprogramme, welches dann ohne bewusste Kontrolle abläuft: Flucht, Kampf oder Starre (flight, fight or freeze).

Besonders gefährlich ist die Panik, wenn ein Mensch die Selbstkontrolle verliert und dies in einer Fluchtreaktion mündet. Panik (im Sinne einer Panikattacke) ist ein individualpsychologisches Phänomen. Empirische Untersuchungen (Harbst, Madsen 1996) haben gezeigt, dass selbst bei Lebensgefahr nur ein geringer Anteil der betroffenen Menschen in diesem Sinne panisch reagiert. Paniken müssen aber nicht nach außen wirken, sondern können sich auch allein in starken vegetativen Reaktionen (Hyperventilation, Angstschweiß) ausdrücken, wobei sich die Menschen dabei wie gelähmt und komplett hilflos fühlen können (z. B. die Reaktion »Starre« bei Furcht). Panikattacken äußern sich durch heftige und überwältigende Unruhe oder Furcht. Sie werden begleitet von körperlichen Symptomen wie Herzklopfen, Schwitzen, Atemnot, Muskelzittern oder Schwindelgefühlen. Betroffene Menschen können den Eindruck haben, dem Tod nahe zu sein oder einen Herzinfarkt zu erleiden. Auch körperliche Erkrankungen (z. B. ein Asthma-Anfall, ein Hörsturz oder Hyperventilation) können Angstzustände auslösen.

Im Atemschutzeinsatz kann Panik ausgelöst werden, wenn z. B. die Sichtverhältnisse ungewohnt eingeschränkt sind oder das Gefühl entsteht, Probleme mit der Atemluftzufuhr zu haben. Der stärkste durch Panik ausgelöste Impuls ist der Drang zum Verlassen der Einsatzstelle oder das Abnehmen der Atemschutzmaske. Dieses unkontrollierte Verhalten muss aber unter allen Umständen verhindert werden, da sonst potenziell lebensgefährliche Unfälle drohen. Eine gewissenhafte Ausbildung und das häufige Trainieren von Notfallmaßnahmen (z. B. Griffreflex bei plötzlicher Unterbrechung der Atemluftzufuhr) können ein Aufkommen von Angst und Panik meist verhindern. Auch dem Trupppartner kommt eine sehr wichtige Rolle zu: Vertrauen in die Fähigkeiten des Trupppartners verstärkt die Selbstsicherheit und im Notfall kann das umsichtige und schnelle Handeln des Partners Leben retten.

(A) Atomare Gefahren/Ionisierende Strahlung

Neben radioaktiven Strahlern geht auch eine Gefahr von Röntgengeräten aus, die eine künstliche »ionisierende« Strahlung erzeugen. Vor dem Betreten solcher Einsatzstellen sind die entsprechenden Geräte stromlos zu schalten. Sind Röntgengeräte stromlos geschaltet, geht von ihnen in der Regel keine weitere Gefahr durch ionisierende Strahlung aus.

(C) Chemische Gefahren

Gefahrstoffeinsätze (ABC-Einsätze) bergen immer eine besondere Brisanz. Die FwDV 500 »Einheiten im ABC-Einsatz« regelt für diese Einsatzszenarien den Einsatzablauf der deutschen Feuerwehren. Hier sei eine praktische Anmerkung an Führungskräfte erlaubt. Auch kleine Gebinde von z. B. Reinigungskonzentrat können schon größere Verletzungen hervorrufen. Daher sollte bei der Erkundung der Einsatzstelle immer auch nach Gefahrstoffen, deren Lagerungsort und Menge gefragt werden. Die Erkundungsergebnisse müssen immer auch den Atemschutztrupps mitgeteilt werden. Sind gefährliche Stoffe und Güter involviert und betroffen, so sollte in jedem Fall der örtliche ABC-Zug hinzugezogen werden.

(E) Explosion

Unter diesem Punkt lassen sich neben der Explosion auch die schwächere Form, die Deflagration und die weitaus stärkere Detonation zusammenfassen. Explosionsgefahren können beispielhaft durch Messtechnik erfasst werden (Messung der UEG = Untere Explosionsgrenze/LEL = Low Explosive Level). Ist eine Explosionsgefahr zu erwarten, sind Zündquellen zu vermeiden und Ex-geschütztes Einsatzgerät zu verwenden. In der Regel sind Handfunkgeräte nicht Ex-geschützt. Pressluftatemschutzgeräte und Regenerationsgeräte sind regelhaft Ex-geschützt. Die häufigste Explosionsgefahr, die uns begegnet, finden wir in herkömmlichen Wohngebäuden. Hier ist oftmals eine Gasheizung verbaut und das Gebäude verfügt entsprechend über einen Gasanschluss. In Mehrfamilienhäusern kann ein Netz aus Gasleitungen in die unterschiedlichen Etagen führen. Im Einsatz ist es daher wichtig, den Gashauptabsperrhahn umgehend und frühzeitig abzusperren. Hat sich ein Gas-Luftgemisch aufgebaut, so ist die Querlüftung das beste Mittel dem entgegenzuwirken. In Kellerbereichen sind Ex-geschützte Be- und Entlüftungsgeräte extrem hilfreich.

Eine weitere Gefahr geht vom Druckgefäßzerknall aus. Dies kann einfache Spraydosen aber auch große gelagerte Gasflaschen betreffen.

(E) Erkrankung/Verletzung

Auch diese Kategorie kann dem »Faktor Mensch« zugeordnet werden. Einer Erkrankung (z. B. Kreislaufbeschwerden) kann durch körperliche Fitness vorgebeugt werden. Fühlt sich ein Atemschutzgeräteträger tagesaktuell nicht tauglich, so sollte dieser nicht unter Atemschutz eingesetzt werden. Verletzungen sind in der Regel bestimmte Ereignisse (Sturz, Absturz, extremes Brandverhalten) vorausgegangen.

(E) Elektrizität

Insbesondere im Brandeinsatz ist diese Gefahr allgegenwärtig. Gerade in Kellern ist die Hausinstallation zumeist Aufputz verlegt. Ebenso liegen elektrische Leitung meist ungeschützt in abgehängten Decken. Durch Hitzestrahlung schmilzt die Isolierung und die Kupferdrähte hängen lose in der Luft. Dabei ist nie garantiert, dass ein Kurzschluss entsteht und die Sicherungen auslösen oder ein Fehlerstromschutzschalter verbaut ist und auch ausgelöst hat. Solange der betroffene Gebäudeteil also nicht stromlos geschaltet ist, muss eine Gefährdung durch elektrischen Strom angenommen werden. Sind Stromleitungen Unterputz verlegt, so ist das Abplatzen des Putzes ein wichtiger Indikator für durchhängende Elektroleitungen. Betritt ein Angriffstrupp eine brennende Wohnung, so ist es sinnvoll, den Hauptschalter des Sicherungskastens auszulösen. Ist das nicht möglich, sollten Gebäudeteile oder das Gebäude am Hausanschlusskasten stromlos geschaltet werden. Das kann in der Regel nur durch eine Elektrofachkraft erfolgen.

(E) Einsturz

Einsturz-, bzw. Absturzgefahren können allgegenwärtig auftreten. Insbesondere an Einsatzstellen, in denen die Sicht stark eingeschränkt ist. Die Sichteinschränkung führt zu Fehlinterpretationen der Umgebung oder zum Nichterkennen von Gefahrenstellen. Einsturz- und Absturzgefahren kann nur durch eine der Sichtweise angepasste Gangart erfolgreich begegnet werden.

6.3 Einsatzbeispiel: Absturzgefahr in einer Ein-Zimmer-Wohnung

Am 18. März 2006 wird der Löschzug der Feuer- und Rettungswache Innenstadt in der Nacht zu einer Feuermeldung auf die Reeperbahn gerufen.

Das Einsatzobjekt
Bei dem Objekt handelt es sich um ein siebengeschossiges Wohngebäude mit einer Grundfläche von 15 m x 50 m mit einem Sattelgeschoß und einem Flachdach. Das Objekt ist Teil einer gemischten Wohn- und Gewerbenutzung. Die Außenfassade besteht größtenteils aus Kunststoffbauteilen. Auf die Beschaffenheit und Eigenschaften der Fassade wird im weiteren Verlauf näher eingegangen.

Der Einsatzablauf
Am 18.03.2006 wird der Löschzug der Feuer- und Rettungswache Innenstadt um 02:44 Uhr zu einer Feuermeldung auf die Reeperbahn gerufen. Die ersten Anrufer aus dem Bereich Spielbudenplatz/Reeperbahn teilen mit, dass es in einem Wohnhaus über dem Wachsfigurenkabinett »Panoptikum« brennt.

Bereits um 02:45 Uhr teilt die Feuerwehreinsatzzentrale (FEZ) dem auf der Anfahrt befindlichen Löschzug mit, dass mehrere Anrufer von einer Person berichten, die auf dem Balkon kniet und um Hilfe schreit. Die betroffene Wohnung soll sich im 7. Obergeschoss befinden und im Vollbrand stehen. Aufgrund dieser Anrufe wird durch den Lagedienstführer der

FEZ sofort auf das Alarmstichwort »Feuer Menschenleben in Gefahr« (FEUY) und eine Minute später aufgrund weiterer eingehender Notrufe auf die 2. Alarmfolge FEU2Y erhöht.

Erkundung und erste Maßnahmen

Der Löschzug der Feuer- und Rettungswache Innenstadt (F11) und das HLF 2 der Feuer- und Rettungswache Altona (F12) treffen als erste Einsatzkräfte an der Südseite des Gebäudes ein und halten in Höhe des Treppenraumes Kastanienallee.

Die erste Erkundung durch den Zugführer 11 ergibt folgendes Lagebild: Eine männliche Person kniet hinter der Balkonbrüstung im 7. Obergeschoss und schreit um Hilfe. Der Fluchtweg ist abgeschnitten, da die Wohnung im Vollbrand steht. Die Person befindet sich in akuter Lebensgefahr. Der Einsatz des Sprungretters ist aufgrund der Höhe fraglich. Auch die Aufstellung auf dem Flachdach, um den Sturz zumindest abzufangen, scheint nicht angeraten, um die gefährdete Person nicht zum Springen »einzuladen«. Die Person ist mit der Drehleiter nicht zu erreichen. Das erste C-Rohr wird zur Menschenrettung und Brandbekämpfung über den Treppenraum Kastanienallee durch die Besatzung des HLF 1 (F11) vorgenommen.

Bild 34: ***Die Wohnung steht im Vollbrand, die Flammen schneiden einem Mann auf dem Balkon den Fluchtweg ab. (Videoprint: TVR-News Network)***

Maßnahmen im Innenangriff

Nach kurzer Rücksprache mit Zugführer 11, erhält der Fahrzeugführer des HLF 1 den Auftrag das Gebäude von innen zu erkunden und – wenn möglich – über den Hauseingang an der Kastanienallee einen Innenangriff zur Menschenrettung einzuleiten. Zu diesem Zeitpunkt ist noch nicht klar, ob die Brandwohnung über den vorgefundenen Hauseingang erreicht werden kann, da aufgrund der Gebäudegröße mit einer Gebäudeunterteilung in der Mitte gerechnet werden muss. Die betroffene Wohnung würde sich in diesem Fall direkt hinter dieser baulichen Trennung befinden. Zeitgleich erkundet Zugführer 11 die Gebäuderückseite nach einem weiteren Zugang.

Der Fahrzeugführer des HLF 1 erkundet das Erdgeschoss und das 1. Obergeschoss des Wohnhauses. Anhand des Schnittes der einzelnen Etagen ist zu diesem Zeitpunkt bekannt, dass eine Brandwand in der Mitte des Wohnhauses vorhanden ist, diese jedoch in jedem Geschoß mit einer Tür versehen ist.

Der Fahrzeugführer des HLF 1 teilt dies umgehend dem Zugführer mit und lässt den ersten Angriffstrupp über den Hauseingang Kastanienallee mit dem ersten C-Rohr zur Menschenrettung ins 7. Obergeschoss vorgehen.

Maßnahmen des ersten Angriffstrupps

Der Angriffstrupp erreicht zügig die Tür am Ende des ersten Flures (Gebäudemitte). Um die Tür intakt zu halten, wird das Seitenteil der Tür im unteren Bereich entfernt und der Schlauch dort hindurchgeführt.

Infolge der Durchquerung der Rauchschutztür kommt es zu einer Verstärkung der Verrauchung und einer Rauchschichtabsenkung auf ca. 50 bis 60 Zentimeter über der Fußbodenoberkante. Der Angriffstrupp bekommt die Beobachtung aus dem Treppenraum vom Fahrzeugführer mitgeteilt und beginnt während des weiteren Vorgehens mit der Kühlung der Rauchschicht. Eine Durchzündung der Brandgase erfolgt nicht.

An der Brandwohnung bietet sich dem Angriffstrupp folgendes Bild: Die Wohnungstür steht kurz vor dem Durchbrand. Ein kurzer Schlag gegen die Tür lässt diese zusammenfallen. Die gesamte Wohnung steht bereits im Vollbrand. Ein erster Versuch zügig in die Wohnung einzudringen scheitert.

Die Wohnung ist extrem klein, verwinkelt und so stark zugestellt, dass eine enorme Brandlast vorhanden ist. Aufgrund der enormen Hitze wechseln sich die beiden Feuerwehrbeamten in kurzen Abständen liegend am Strahlrohr ab.

Der Fahrzeugführer des HLF 1 meldet dem Zugführer 11: »Erschwerter Zugang zur Wohnung – Wohnung im Vollbrand. Brandbekämpfung eingeleitet.«

Nachdem sich der erste Löscherfolg abzeichnet, versucht der Truppführer erneut durch das Wohnzimmer auf den Balkon zu gelangen. Bei dem Versuch die Person auf dem Balkon zu erreichen, erleidet der Feuerwehrbeamte trotz Flammschutzhaube leichte Verbrennungen im Gesicht und muss den Versuch abbrechen. Die abgebrannten Reflexstreifen der vor dem Einsatz völlig intakten Schutzkleidung geben einen

Bild 35: ***Blick aus dem Inneren der Brandwohnung mit dem absturzgefährdeten Bereich***

Anhaltspunkt darüber, wie hoch die vorherrschenden Temperaturen in der Brandwohnung sind. Zu diesem Zeitpunkt befindet sich die Person noch auf dem Balkon. Ihr gelingt aber kurze Zeit später aufgrund des erfolgreichen Innen- und Außenangriffes die selbständige Flucht über die Balkonbrüstung in die Nachbarwohnung.

Absturzgefahr im Innenangriff

Im weiteren Einsatzverlauf erhält der Fahrzeugführer des HLF 1 die Mitteilung, dass an der Fassade der Brandwohnung augenscheinlich ein Stück von dem Balkon fehle und in diesem Bereich eine Absturzgefahr herrsche. Er gibt diese Meldung umgehend an den Angriffstrupp weiter.

Die Außenfassade des Wohnhauses besteht teilweise aus Kunststoffelementen. Diese reichen von der Wohnungsdecke bis zum Fußboden und ersetzen eine Mauer aus Stein. Aufgrund der enormen Hitze- und Flammeneinwirkung auf die Bauteile in der Fassade ist eine Raumabtrennung durch die Außenwand an der östlichen Gebäudeseite nicht mehr vorhanden. Eine Absicherung in Form eines Schutzgitters fehlte ebenfalls.

Der direkte Vergleich einer Außenaufnahme der betroffenen Wohnung mit einer intakten Wohnung zeigt welche Gefahr hier für die im Innenangriff eingesetzten Trupps bestand. Ein besonderes Augenmerk sollte dabei auf das linke Fensterelement gerichtet werden. Es ist klar zu erkennen, dass der Balkon hier bereits endete. Betrachtet man nun die Bilder aus dem Inneren der Brandwohnung, die uns das gleiche Fensterelement zeigen, vor dem Hintergrund der Einsatzmeldung »eine Person auf dem Balkon«, so stellt man fest, dass das fehlende Fensterelement durchaus als Balkontür hätte fehlinterpretiert werden können.

Bild 36: ***Außenansicht der Brandwohnung. Das herausgebrannte Fensterelement (links neben dem Balkon) ist gut zu erkennen.***

Schlussbetrachtung

Die bei diesem Einsatz aufgetretene Absturzgefahr im Innenangriff zeigt, wie abstrakt und unerwartet Gefahren an der Einsatzstelle sein können. Glücklicherweise gelang es dem Angriffstruppführer nicht, die Brandwohnung zu durchqueren. Die interne Kommunikation hat hier im weiteren Einsatzverlauf zur Vermeidung eines möglichen Unfallszenarios beigetragen. Die Erkenntnisse dieses Einsatzes werden in der Atemschutzaus- und Fortbildung der Feuerwehr Hamburg vermittelt.

Der vollständige Artikel ist nachlesbar in:

Marquard, S., Lorenzen, L.: St. Pauli: »Feuer Y – Menschenleben in Gefahr!«, In: BRANDSchutz/Deutsche Feuerwehrzeitung, Ausgabe 05/2007, S. 343-348.

7 Die Atemschutzüberwachung als Sicherheitssystem

In der Feuerwehrdienstvorschrift 7 Abschnitt 4 ist die Atemschutzüberwachung vorgeschrieben. Diese regelt die Registrierung und zeitliche Kontrolle von eingesetzten Atemschutzgeräteträgern und soll so einem Atemschutzunfall vorbeugen.

Verantwortlich für die Durchführung der Atemschutzüberwachung ist der Fahrzeugführer (Staffel- bzw. Gruppenführer), der den Atemschutztrupp einsetzt. Diese Verantwortung kann

Bild 37: ***Mindestinformationen, die vom Atemschutzüberwacher dokumentiert/beobachtet werden müssen***

er nicht delegieren, sich jedoch z. B. durch den sogenannten Atemschutzüberwacher unterstützen lassen.

Gedankenexperiment: Dick und Doof:

Stellen Sie sich Folgendes vor. Sie haben die Aufgabe des Atemschutzüberwachers und müssen einen Atemschutztrupp überwachen. Die Truppmitglieder Ihres Trupps sind Dick und Doof, wobei Doof der Truppführer ist. Eine Tiefgarage ist stark verqualmt, es soll ein PKW brennen. Dick und Doof haben den Auftrag das Fahrzeug aufzufinden und mit dem 1. C-Rohr Brandbekämpfungsmaßnahmen durchzuführen.

Dick und Doof sind grundverschiedene Atemschutzgeräteträger. Dick ist stark übergewichtig. Zwar wurden schon öfters in der Vergangenheit Zweifel an seiner Atemschutztauglichkeit gehegt, dennoch hat es Dick immer wieder durch die Arbeitsmedizinische Vorsorgeuntersuchung Atemschutzgeräte Gruppe 3 Untersuchung geschafft. Dick kann auf eine langjährige Feuerwehrkarriere zurückblicken und gilt als ruhiger und erfahrener Atemschutzgeräteträger. Kommt es zu körperlichen Belastungen ist bei Dick mit einem stark erhöhten Atemluftverbrauch zu rechnen.

Doof ist recht unerfahren, aber ein ausgezeichneter Sportler. Er geht regelmäßig ins Fitnessstudio. Sport bedeutet im viel. Er gilt als großer Redenschwinger frei nach dem Motto: »Große Klappe, nichts dahinter.« Doof ist ebenfalls genau zu beobachten. Er hat keine große Erfahrung, vermutlich bedeutet der Einsatz großen Stress für ihn. Da Doof recht unerfahren ist, wird er sicher die ein oder andere wichtige Information vergessen. Also auch hier Vorsicht!

7.1 Zeit ist relativ!

Menschen haben kein Zeitgefühl, das merken wir oft in alltäglichen Situationen. Um die Einsatzzeit zu erfassen, sind Atemschutzüberwachungstafeln mit Zeitmessern ausgestattet. In der Regel handelt es sich um Countdown-Uhren. Fälschlicherweise wird daher von vielen Einsatzkräften angenommen, dass die Atemschutzüberwachung rein über die Zeit abgewickelt wird. Dies ist grundsätzlich falsch! Die Zeiterfassung spielt nur eine untergeordnete Rolle, da sie völlig losgelöst von der tatsächlich möglichen Einsatzzeit (Atemluftvorrat) ist. Entscheidend für die tatsächlich mögliche Einsatzzeit sind die Atemluftverbräuche jedes einzelnen Atemschutzgeräteträgers und die Festlegung eines gemeinsamen Rückzugdruckes für den gesamten Atemschutztrupp. Das stumpfe Aufziehen einer Uhr auf 30 Minuten genügt keiner Atemschutzüberwachung, zumal diese grobe Schätzung nur bei mittelschwerer Tätigkeit ihre Anwendung findet. Unter schwerer Belastung kann das Atemminutenvolumen (AMV – Atemluftverbrauch pro Minute) auf über 120 Liter pro Minute ansteigen.

Ein Ein-Flaschen-Pressluftatmer mit einer 6,9 l Atemluftflasche (300 bar) könnte in diesem Fall bereits nach 15 Minuten keine Atemluft mehr liefern, da der Atemluftvorrat erschöpft wäre.

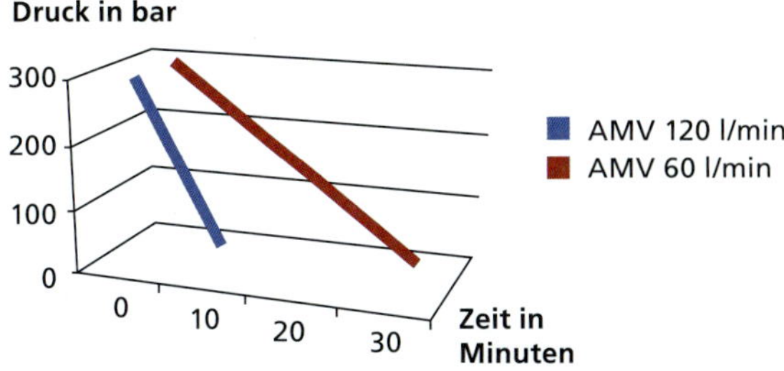

Bild 38: ***Einsatzzeit bei einem Atemluftverbrauch von 120 l/min und einem Atemluftverbrauch von 60 l/min***

Dreh- und Angelpunkt einer funktionierenden Atemschutzüberwachung ist die Festlegung eines Rückzugsdruckes für den Atemschutztrupp, sowie dessen periodische Überwachung. Die Festlegung des Rückzugsdruckes richtet sich nach der 1/3-2/3-Regel. Diese Regel ist als Sicherheitsreserve für den Rückweg zu sehen. Der Atemluftvorrat für den Rückweg muss doppelt so groß sein wie Atemluft auf dem Hinweg verbraucht wurde.

7.2 Berechnung und Festlegung des Rückzugdruckes

1. Startdruck jedes Atemschutzgeräteträgers dokumentieren.
2. Druck jedes Atemschutzgeräteträgers bei Erreichen des Einsatzortes dokumentieren. Hinweis: Die Übermittelung dieser Informationen ist verpflichtend für den Truppführer.
3. Aus dem Startdruck und dem Druck bei Erreichen des Einsatzortes lässt sich der individuelle Atemluftverbrauch ermitteln. Dies ist für jeden Atemschutzgeräteträger durchzuführen.
4. Der höchste Atemluftverbrauch wird verdoppelt und als Rückzugsdruck festgelegt.
5. Den Rückzugsdruck dem Truppführer mitteilen.

Tabelle 1: ***Beispielhafte Berechnung und Festlegung des Rückzugdrucks***

Truppführer Müller	Start 310 bar Ziel 270 bar	Atemluftverbrauch Hinweg 40 bar
Truppmann Meier	Start 270 bar Ziel 240 bar	Atemluftverbrauch Hinweg 30 bar
Höchsten Atemluftverbrauch Hinweg ermitteln		Truppführer Müller 40 bar
Rückzugsdruck = Höchster Atemluftverbrauch Hinweg x 2	40 bar x 2 = 80 bar	Rückzugsdruck des Atemschutztrupps = 80 bar

Weitere Druckkontrollen während des Einsatzes

Wurde der Rückzugsdruck dem Truppführer durch die Atemschutzüberwachung mitgeteilt, reicht es nicht aus, den geringsten Druck in regelmäßigen Abständen mitzuteilen oder abzufragen. Es sind immer die Drücke aller Atemschutzgeräteträger an die Atemschutzüberwachung zu übermitteln. Dies ist besonders wichtig, um zum Beispiel auftretende abnorme Atemminutenvolumen zu erkennen.

Bild 39: ***Geprüfte und einsatzbereite Atemschutzgeräte***

Merke:

Die Angabe des niedrigsten Drucks ist nicht ausreichend.

Folgende Beispielrechnung verdeutlicht dies:

Tabelle 2: ***Beispiel für eine falsche Berechnung des Rückzugdrucks***

Truppführer Müller	Startdruck 330 bar Ziel 270 bar	Atemluft-verbrauch Hinweg 60 bar (!)	Die ASÜ hat 270 bar als Startdruck notiert.
Truppmann Meier	Startdruck 270 bar Ziel 250 bar	Atemluft-verbrauch Hinweg 20 bar	Am Ziel angekommen meldet der Angriffstrupp 250 bar.
Festlegung des Rückzugsdruckes durch die ASÜ	270 bar (Start) – 250 bar (Ziel) = 20 bar Atemluftverbrauch für den Hinweg	20 bar x 2 = 40 bar	Es wird durch die ASÜ fälschlicherweise ein Rückzugsdruck von 40 bar festgelegt, obwohl der Truppführer bereits für den Hinweg 60 bar benötigt hat!

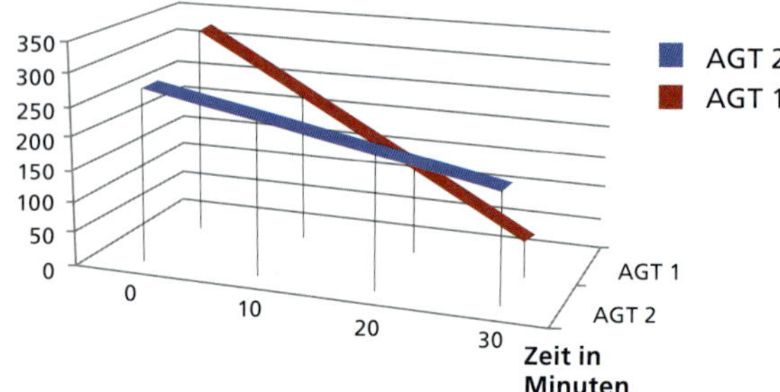

Bild 40: ***Der Atemschutzüberwachung müssen grundsätzlich die Drücke aller Truppmitglieder mitgeteilt werden, sonst kann es passieren, dass der Rückzugsdruck falsch berechnet wird und dieser für ein Truppmitglied nicht mehr zum Verlassen der Einsatzstelle ausreicht.***

Im weiteren Verlauf würde der Truppführer (Atemschutzgeräteträger 1) den Truppmann (Atemschutzgeräteträger 2) unterlaufen. Da die Atemschutzüberwachung fälschlicherweise nur den niedrigsten Druck notiert, würde sie erst bei 40 bar einschreiten. Da Atemschutzgeräteträger 1 bereits für den Hinweg 60 bar benötigte, wird er die Einsatzstelle nicht verlassen können.

Rückzugsdruck an übersichtlichen Einsatzstellen

Sind Einsatzstellen übersichtlich (Bsp.: Es brennt die Küche in einer Wohnung – Rauchgrenze ist die Wohnungseingangstür), so kann die Warneinrichtung des Pressluftatmers als Rückzugssignal festgelegt werden. Die Grundbedingung dafür ist ein Atemluftverbrauch bis zum Einsatzort von weniger als 20 bar.

7.3 Anforderungen an die Atemschutzüberwachung

Reglementierungen auf sechs Atemschutzgeräteträger

Aus Sicht des Autors ist ein Atemschutzüberwacher in der Lage maximal sechs Atemschutzgeräteträger zu überwachen. Das entspricht drei Zweier-Trupps oder zwei Dreier-Trupps. Eine zentrale Atemschutzüberwachung, die mehr als sechs Atem-

Bild 41: ***Jeder Atemschutzgeräteträger muss einzeln überwacht werden. (Quelle: T. Jahn)***

schutzgeräteträger überwacht, kann nicht funktionieren, wenn diese ernsthaft betrieben werden soll.

Zugangsbezogen

Sind Einsatzstellen unübersichtlich, so empfiehlt es sich, an jedem Zugang einen Atemschutzüberwacher zu positionieren. Diese Zutrittskontrolle erleichtert die Übersicht.

Lageplan

Hinweis zu Feuerwehrplänen:

Werden für ein Objekt Feuerwehrpläne vorgehalten, so sollten diese ebenfalls frühzeitig mit in die Einsatzplanung und Überwachung mit einbezogen werden. Idealerweise zeigt man diese dem Atemschutztrupp einmal zur kurzen Orientierung. Manche Feuerwehren stellen Feuerwehrpläne digital zur Verfügung, dies ist aber nicht bundeseinheitlich geregelt.

Zusätzlich zu einer zugangsbezogenen Atemschutzüberwachung rundet eine Lageskizze zur Nachverfolgung des Atemschutztrupps die Überwachung ab. In der Schiffsbrandbekämpfung ist es sogar gängige Praxis an einem vorhandenen »Fire & Safety Plan« die im Innenangriff eingesetzten Trupps mithilfe eines Ortskundigen zu führen und in »Echtzeit« den Standort zu bestimmen. Sind Lagepläne von den betreffenden Objekten vorhanden, sollten diese genutzt werden.

Bild 42: ***Besonders in komplexen Objekten mit unbekannten Gefahren können Lagepläne sehr hilfreich sein.***

Erfassung der Rückwegsicherung

Um im Falle einer Mayday-Meldung schnell und zielgerichtet reagieren zu können, ist es erforderlich, jedem Atemschutztrupp die zugehörige Rückwegsicherung zuordnen zu können. Diese Information ist im Vorfeld auf der Atemschutzüberwachung zu erfassen.

Wer ist verantwortlich?

Die Verantwortlichkeiten sind in der FwDV 7 klar geregelt. Der Einheitsführer ist für die ordnungsgemäße Durchführung der Atemschutzüberwachung verantwortlich. Diese Verantwortlichkeit kann nicht delegiert werden. Zur Unterstützung kann der Einheitsführer einen Atemschutzüberwacher einsetzen, dieser muss jedoch mit der Atemschutzüberwachung vertraut und geistig geeignet sein.

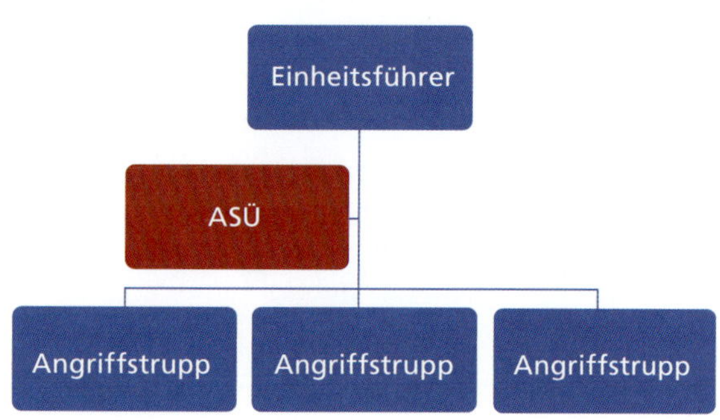

Bild 43: ***Verantwortlichkeiten der Atemschutzüberwachung***

Bringschuld der Atemschutzgeräteträger

Damit die Atemschutzüberwachung funktioniert, ist von den Atemschutztrupps eine gewisse Zuarbeit notwendig. So ist es zwingend erforderlich, unterschiedliche Stadien des Einsatzverlaufs an die Atemschutzüberwachung mitzuteilen. Zu melden sind insbesondere der Einsatzbeginn, die Ankunft am Ziel und der Antritt des Rückweges.

Einsatzgrenzen von Atemschutzgeräten erkennen

Verbrauchen Atemschutzgeräteträger ein Drittel ihres Atemluftvorrates bevor sie den eigentlichen Einsatzort erreicht haben, so ist der Einsatz abzubrechen und der Rückweg anzutreten. Tritt dieser Fall ein, ist die Einsatzgrenze des Atemschutzgerätes erreicht, da laut FwDV 7 die 1/3-2/3-Regel greift. Es ist folglich ein höherwertiges Atemschutzgerät zu verwenden (Zwei-Flaschen-Pressluftatmer oder Regenerationsgerät BG4). Für ein auf 300 bar gefülltes Atemschutzgerät bedeutet dies, dass die Einsatzgrenze bei 200 bar Restdruck erreicht ist. Wenn bis dahin die Einsatzstelle nicht erreicht wurde, muss der Rückzug angetreten werden.

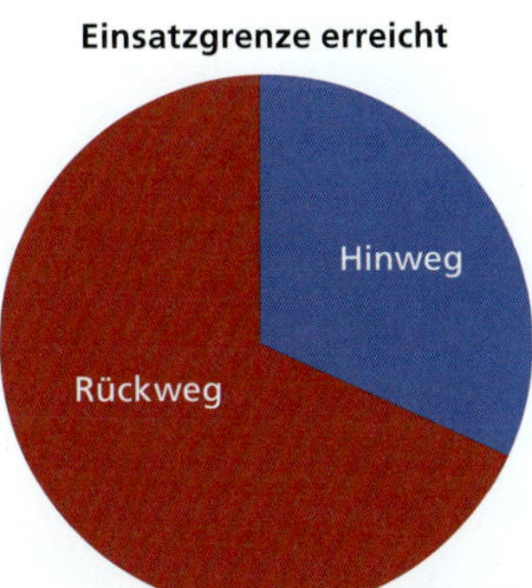

Bild 44: ***Verbraucht der Atemschutztrupp ein Drittel seines Atemluftvorrats bevor er den Einsatzort erreicht, ist der Einsatz abzubrechen und der Rückweg anzutreten.***

Merke: 200 bar Faustformel bei 300 bar Nennfülldruck

Startdruck 300 bar → Rückzug bei 200 bar
Startdruck 290 bar → Rückzug bei 190 bar
Startdruck 280 bar → Rückzug bei 185 bar
Startdruck 270 bar → Rückzug bei 180bar

Fiktives Einsatzbeispiel

Stellen wir uns vor im Elbtunnel (Länge ca. 3,1 Kilometer) brennt es. Der gesamte Tunnel ist stark verqualmt und ein Atemschutztrupp steht vor dem Eingangsportal des Tunnels. Beide Atemschutzgeräteträger sind mit einem Ein-Flaschen-Pressluftatemschutzgerät ausgestattet. Der Startdruck beträgt bei beiden Atemschutzgeräteträgern 300 bar. Der Atemschutztrupp erhält den Auftrag so weit wie möglich in den Tunnel einzudringen und die Lage zu erkunden.

Bild 45: ***Eingang des Elbtunnels***

Jedem ist klar, dass der Atemluftvorrat vermutlich nicht ausreichen wird, um den Tunnel zu durchqueren.
Der ▶ Merkekasten hat bereits gezeigt, dass bei Erreichen von 200 bar Restdruck bereits ein Drittel des Atemluftvorrates aufgebraucht ist und nun 200 bar für den Rückweg vorgehalten werden müssen. Würde der Atemschutz-

trupp weiter in die Einsatzstelle eindringen, so wäre rein theoretisch bei 150 bar »the point of no return« erreicht. Jeder weitere Schritt in den Tunnel würde uns teuer zu stehen kommen. Aber haben wir nicht noch einen weiteren Faktor vergessen? Der Elbtunnel führt unter der Elbe hindurch, folglich gibt es ein Gefälle. Unser Angriffstrupp ist bergab in die Einsatzstelle gelaufen und muss nun den Rückweg bergauf gehen. Dies bedeutet zweifellos einen höheren Atemluftverbrauch. Müssen sich Atemschutzgeräteträger treppauf oder treppab fortbewegen, um die Einsatzstelle zu erreichen, so ist dies in der Atemschutzüberwachung ebenfalls zu berücksichtigen. Extrem gefährlich kann es werden, wenn sich Einsatzstellen z. B. in ausgedehnten unterirdischen Verkehrsanlagen befinden.

Nach dem Atemschutzeinsatz sollte eine Regeneration STATTfinden

Die STATT-Studie besagt, dass Atemschutzgeräteträgern nach einem Einsatz eine angemessene Ruhepause zusteht (30 Minuten). In dieser Ruhepause soll der Atemschutzgeräteträger die während des Einsatzes verlorene Flüssigkeit wieder auffüllen (mindestens 1,5 Liter).

In der STATT-Studie wird empfohlen bereits vor dem Einsatz 1,5 Liter Wasser zu trinken. Dies ist auf der Anfahrt zu einem Einsatz sicher schwer möglich, sollte aber bei Übungen unter Atemschutz zur Selbstverständlichkeit werden. Auch hier handeln Atemschutzgeräteträger eigenverantwortlich.

Es ist sinnvoll, auf jedem Löschfahrzeug gekühlte Getränke mitzuführen, um den erlittenen Flüssigkeitsverlust schnell wieder aufzufüllen.

Bild 46: ***Der Atemschutzgeräteträger nach dem Einsatz (Quelle: T. Jahn)***

8 Handhabung von Atemschutzgeräten

Verlasten eines einsatzbereiten Pressluftatmers auf dem Fahrzeug

Wird ein Atemschutzgerät einsatzbereit auf einem Einsatzfahrzeug verlastet, so sind folgende vorbereitende Schritte zu erledigen, um die Einsatzbereitschaft zu gewährleisten: Das Gerät muss einer »Eingangskontrolle« unterzogen werden. Anschließend wird es optimal verlastet. Dadurch wird gewährleistet, dass das Atemschutzgerät keinen Schaden nimmt und möglichst schnell und ohne Probleme von einem Atemschutzgeräteträger angelegt werden kann. Bevor das Atemschutzgerät also verlastet wird, wird es einer Sichtprüfung unterzogen. Sind Beschädigungen vorhanden? Ist die Rüttelsicherung angelegt? Ist die Bebänderung ganz aufgezogen? Sitzt die Atemluftflasche fest auf der Tragplatte? Anschließend wird eine Hochdruckdichtprobe durchgeführt und die 55 bar Warneinrichtung getestet. Wenn diese Tests bestanden sind, kann das Gerät verlastet werden, wobei darauf zu achten ist, dass das Atemschutzgerät nach dem Lösen der Sicherung sofort bereit zum Schultern ist (▶ Bild 47).

Achtung:

Es wurde zwar eine Eingangskontrolle durchgeführt, dies entbindet den Atemschutzgeräteträger aber nicht von seinen Pflichten vor Einsatzbeginn ebenfalls eine Überprüfung des Gerätes vorzunehmen.

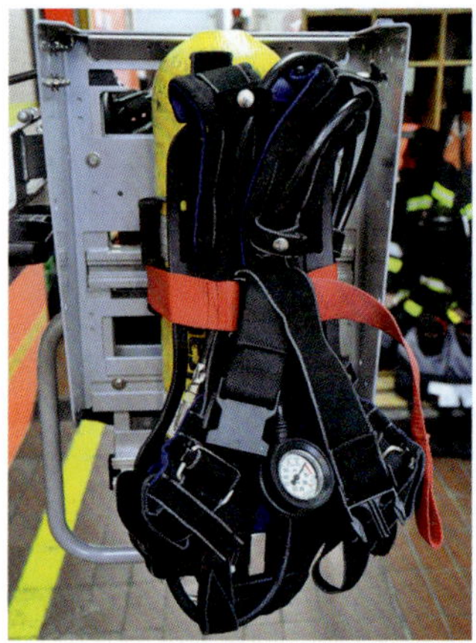

Bild 47: ***Korrekt verlastetes und sofort einsatzbereites Atemschutzgerät***

Fachgerechtes Abgeben eines Atemschutzgerätes

Unter Druck stehende Atemschutzgeräte können eine Gefahr für die Mitarbeiter in der Atemschutzwerkstatt darstellen. Pressluftatemschutzgeräte sind nach Gebrauch daher in folgenden Zustand zu versetzen: Das Flaschenventil ist zu schließen und über den Lungenautomaten ist der Druck zu entlasten. Die Schutzkappe des Lungenautomaten ist anzubringen. Ist eine Transportkiste vorhanden, so ist diese zu nutzen.

Anlegen eines Atemschutzgerätes im Fahrzeug

Die nachfolgende Bilderserie zeigt das korrekte Anlegen eines Atemschutzgerätes im Fahrzeug während der Fahrt zur Einsatzstelle.

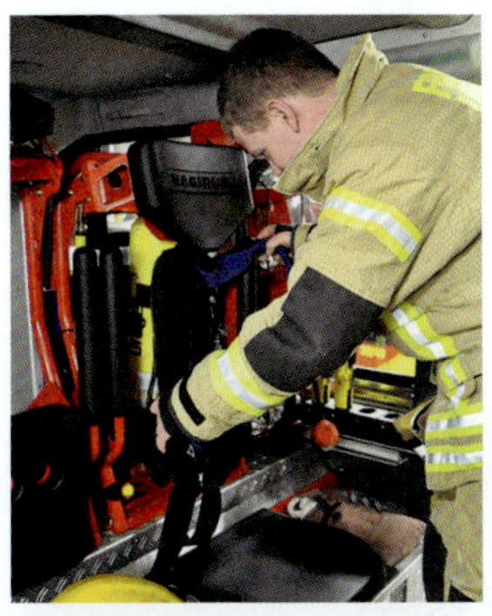

Bild 48: ***Schritt 1: Sichtprüfung***
– Allgemeine Sichtprüfung,
– Bebänderung,
– Flaschenspanngurt,
– Rüttelsicherung.
Dieser Schritt kann auch bei der morgendlichen Fahrzeugüberprüfung (bei hauptamtlichen Feuerwehrangehörigen) durch den Atemschutzgeräteträger geschehen.

Bild 49: ***Schritt 2: Gerät anlegen***

Bild 50: ***Schritt 3: Überdruckschaltung sichern***

Bild 51: ***Schritt 4: Flaschendruckkontrolle***
- ***Ventil ganz aufdrehen,***
- ***Flaschendruck merken,***
- ***Flaschendruck muss zwischen 270 und 330 bar liegen,***
- ***Ventil ganz schließen.***

Bild 52: *Schritt 5: Maske aufsetzen*
- *Nackenband in die Jacke,*
- *Bebänderung gleichmäßig anziehen (von unten nach oben, Kinn-, Schläfen-, Stirnband).*

Bild 53: *Schritt 6: Maskendichtprobe*
- *Maske fixieren,*
- *Anschlussstück mit dem Handballen verschließen,*
- *Einatmen und anhalten,*
- *Maske muss den Unterdruck mindestens zwei Sekunden halten!*

Bild 54: ***Schritt 7: Feuerschutzhaube anziehen***
– zwingend von vorne über die Maske ziehen!

Bild 55: ***Schritt 8: Feuerschutzhaube fixieren***
– Feuerschutzhaube in die Jacke stecken und Jackenkragen schließen.

Bild 56: ***Schritt 9: Helm aufsetzen***
– Hollandtuch schließen bzw. Nackenleder runterklappen.

Bild 57: ***Schritt 10: Erneute Maskendichtprobe***
– Weitere Maskendichtprobe durchführen.

Bild 58: ***Schritt 11: Dichtprüfung des Gerätes***
- ***Flaschendruck mit »gemerktem« (Schritt 4) Flaschendruck vergleichen,***
- ***Druckabfall darf nicht größer als 10 bar sein (entspricht einem Teilstrich in der Manometeranzeige).***

Bild 59: ***Schritt 12: Akustische Warneinrichtung überprüfen***
- ***Lungenautomaten mit Handballen verschließen,***
- ***Überdruckschaltung durch Betätigen der Luftdusche auslösen,***
- ***Druck langsam ablassen,***
- ***Ansprechen der Warneinrichtung bei 55 bar +/- 5 bar.***

Bild 60 a: ***Schritt 13 a: Überdruckschaltung sichern***

Bild 60 b: ***Schritt 13 b: Lungenautomat in Parkhaltung arretieren***

Schritt 14: TH-Visier entfernen

Schritt 15: Weitere Einsatzausrüstung anlegen

Schritt 16: Feuerschutzhandschuhe nicht vergessen

Schritt 17: Gerätearretierung erst nach Stillstand des Fahrzeuges lösen

Schritt 18: Registrierung bei der ASÜ

Schritt 19: Warten auf Einsatzbefehl

Der Pressluftatmer sowie der Atemanschluss wurden nun vollständig kontrolliert auf der Anfahrt zum Einsatzort.

Der Autor empfiehlt das Flaschenventil jetzt geschlossen zu halten und erst ganz zu öffnen, wenn der Einsatzbefehl erteilt wurde.

9 Fehlermanagement

An dieser Stelle soll noch einmal Werbung für die Meldestellen der FUK und der privaten Meldestelle Atemschutzunfälle gemacht werden. Es lohnt sich für jede Einsatzkraft, beide Seiten zu studieren und auch mitzumachen und zu melden!

- CIRS der Feuerwehrunfallkasse (www.fuk-cirs.de)
- Atemschutzunfalldatenbank (www.atemschutz unfaelle.eu)

9.1 Critical Incident Reporting System (CIRS)

Unter Critical Incident Reporting System (CIRS) (häufig auch Fehlerberichtssystem genannt) versteht man ein Berichtssystem zur – meist anonymen – Meldung von kritischen Ereignissen (critical incident) und Beinahe-Schäden (near miss). Mit solchen Online-Portalen soll die bislang wenig ausgeprägte Fehlerkultur unter Ärzten verbessert werden. Um möglicherweise tödliche Fehler zu vermeiden, ist es wichtig zu lernen, über diese Fehler zu sprechen. CIRS wurde ursprünglich in den Ingenieurswissenschaften z. B. für Flugpiloten entwickelt. Eine innovative und effektive Weiterentwicklung eines CIRS-Systems ist das 3Be-System nach Cartes. Hierbei handelt es sich um ein Berichts-, Bearbeitungs- und Behebungssystem für Beinahezwischenfälle. Es sollen erkannte Risiken bearbeitet werden, um so aus den identifizierten kritischen Situationen und Risiken Strategien zur Vermeidung und Handhabung derer zu entwickeln und umzusetzen.

Da sich die aus dem 3Be-System entwickelten Verbesserungsmaßnahmen an den realen Gegebenheiten vor Ort orientieren, kann ein individuelles Risikomanagement entstehen, das sich an den örtlichen Begebenheiten orientiert und dabei noch kostengünstig, ressourceneffizient und effektiv ist.

9.2 Crew Resource Management Training (CRM)

Das Crew Resource Management Training (CRM) ist eine Schulung für Luftfahrzeugbesatzungen, welche die Fähigkeiten in den nicht technischen Bereichen schulen und verbessern soll. Ein solches System kann auch in der Feuerwehr implementiert werden, da menschliche Fehler unter extremen Stresssituationen auch hier zu Unfällen geführt haben. Im CRM werden insbesondere vier Kategorien betrachtet: Kooperation, situative Aufmerksamkeit, Führungsverhalten und Entscheidungsfindung. Das Element Kommunikation ist ein ständiger Prozess, der sich in allen Kategorien wiederfindet. CRM-Trainings können in der Ausbildung von Atemschutzgeräteträgern, insbesondere in der Sicherheitstruppausbildung, stattfinden. Bei genauerer Betrachtung kann diese Nutzergruppe bis hin zu Gruppen- und Zugführern erweitert werden. Eine solche Ausbildung sollte verbindlich in einem Zeitraum von drei Jahren wiederholt werden. Des Weiteren sollten die CRM-Fertigkeiten in Qualitätssicherungsübungen überprüft werden. CRM soll das Bewusstsein dafür schärfen, dass neben dem technischen Verständnis für die Ausrüstung, der zwischenmenschliche Bereich ein ständiger Begleiter ist. Das Bewusstsein über Abläufe und Prozesse in diesem Bereich erhöht die Professionalität und verbindet alle im Team befindlichen mentalen Ressourcen. So wird die Teamfähigkeit erhöht und Fehler aufgrund menschlichen Versagens werden verringert. Ein wichtiges Element von CRM ist die Nutzung und Weitergabe von allen (lebens-)wichtigen Informationen innerhalb des Teams.

Nachwort

So nüchtern es klingen mag – trotz aller Unfallprävention wird es immer ein Restrisiko geben. Mein Anliegen – und hoffentlich auch Ihres – ist es, dieses Restrisiko so klein wie möglich zu halten. Ich hoffe, Ihnen hat das Lesen des Roten Heftes »Unfallverhütung im Atemschutzeinsatz« Spaß gemacht und Sie konnten wertvolle Informationen für sich gewinnen.

Bild 61: ***Zwei Atemschutzgeräteträger beim Einsatz (Quelle: T. Jahn)***

Nachwort

Zum Schluss möchte ich Ihnen noch ein Zitat mitgeben:

»Man soll den Menschen Glück statt Gesundheit wünschen. Warum? Nun Passagiere und Besatzung der Titanic waren gesund, hatten aber kein Glück!« (Andreas Schubert 1975 – 2020, bekannter deutscher Fernfahrer und Fuhrunternehmer)

In diesem Sinne: Viel Glück und passen Sie auf sich und Ihre Teampartner auf!

Lars Lorenzen

Literaturverzeichnis

Feuerwehr-Dienstvorschrift (FwDV) 7 »Atemschutz«.

Reason, J.: Menschliches Versagen: psychologische Risikofaktoren und moderne Technologien, Spektrum Akademischer Verlag, Heidelberg, 1994.

Thomeczek, C.: Fehlerquelle »Mensch«, Berliner Ärzte 11/2001, S. 12 ff.

Grosser, C.: Kommunikationsform und Informationsvermittlung, Deutscher Universitätsverlag, Wiesbaden, 1994.

Harbst, J., Madsen, F.: The behaviour of passengers in a critical situation on board a passenger vessel or ferry, Danish Investment Foundation, Kopenhagen, 1996.

Lorenzen, L., Marquard, S.: St. Pauli: »Feuer Y – Menschenleben in Gefahr!«, BRANDSchutz/Deutsche FeuerwehrZeitung 5/2007, S. 343 ff.

Finteis, T. et al.: Stressbelastung von Atemschutzgeräteträgern bei der Einsatzsimulation im Feuerwehr-Übungshaus an der Landesfeuerwehrschule Baden-Württemberg (STATTStudie), 2002.

Ärztliches Zentrum für Qualität in der Medizin (ÄZQ): online abrufbar unter: www.cirsmedical.de, zuletzt aufgerufen am: 09.05.2025.